Sr. Westermann:

Deseo expresarle mi sincero agradecimiento por su amistad y valiosa colaboración en mis funciones de Cónsul General de Panamá en Hamburgo, comprometen nuestra gratitud y origina mi aprecio al entregarle este libro con mucho orgullo, "Panamá"

Panamá

Fotografías/Photographs: Henry Mejía
Ricardo Sánchez
José Ángel Murillo
Abrego
M. Hilber
Len Kaufman
Carlos Guardia
Robinson Inc.
John Lawlor
IPAT
Autoridad del Canal de Panamá
Presidencia de la República

Traducido por/Translated by: Susan Gosling

2ª Edición Revisada. MARZO 2000

No está permitida la reproducción total
o parcial de este libro, ni su tratamiento informático,
ni la transmisión de ninguna forma o por cualquier
medio, ya sea electrónico, mecánico, por fotocopia,
por registro u otros métodos, sin el permiso previo
y por escrito de los titulares del Copyright.
Reservados todos los derechos, incluido el derecho
de venta, alquiler, préstamo o cualquier otra forma
de cesión del uso del ejemplar.

© DISTRIBUIDORA LEWIS, S. A.
ISBN: 9962-602-23-8
Depósito legal: LE. 9-2000
Printed in Spain - Impreso en España

EDITORIAL EVERGRÁFICAS, S. L.
Carretera León-La Coruña, km 5
LEÓN (España)

Panamá, sus raíces, su evolución histórica y su presente

Panamá, its roots, its history and its present

PANAMÁ, REP. DE PANAMÁ
Introducción por: Noris P. de Sanjur

PANAMÁ, THE REPUBLIC OF PANAMÁ
Introduction by: Noris P. de Sanjur

PANAMÁ, SUS RAÍCES, SU EVOLUCIÓN HISTÓRICA Y SU PRESENTE

¡Mi nombre es Panamá!

Una de las mayores satisfacciones de los panameños es compartir las bellezas de este Istmo con nuestros visitantes. Esperamos que, además de disfrutar de los encantos tropicales de esta tierra, puedan adentrarse en el alma de un pueblo, que en todas las épocas de su historia ha confraternizado con hombres de todas las latitudes.

Panamá, ¿qué misterios guarda celosamente este nombre?

Es necesario profundizar en el pasado para encontrar nuestras raíces y delinear los matices que conforman nuestra nacionalidad. ¿De dónde surgió ese nombre cantarino, de qué lengua se tomaron sus sonidos, qué mensajes encierra este nombre? Nuestra cintura geográfica sirvió desde épocas muy remotas, para el paso de los aborígenes americanos. Los historiadores muchas veces tienen que unir mosaicos de posibilidades para conformar una hipótesis, de allí que, indagando en el significado de las lenguas de nuestros aborígenes, se considere que puede significar abundancia de mariposas, abundancia de peces, como también el nombre de un árbol muy hermoso que crece en nuestra tierra. No se ha determinado cuál de las tres es la fuente originaria, pero se considera que todas pueden ser ya que, árboles, peces y mariposas, le dieron desde los tiempos inmemoriales, ese toque mágico a este istmo.

El Istmo fue utilizado como lugar de tránsito desde la época precolombina

Nuestra cintura geográfica sirvió desde épocas muy remotas, para el paso de los aborígenes americanos que dejaron aquí sus huellas en cerámica, rasgos físicos, religión, organización social y política. Esto

PANAMA, ITS ROOTS, ITS HISTORY AND ITS PRESENT

My name is Panama!

One of the greatest satisfactions for Panamanians is to share the beauty of this isthmus with its visitors. We hope that besides enjoying the tropical delights of this land you will be able to know its people, who throughout its history have become really friendly with people all over the world.

Panama, what secrets are closely guarded by your name?

We have to go far back to discover our roots and outline the many facets that make up our nation. Where does this sing-song name come from? Which language provided these sounds? What messages does the name contain? Our geographical waistline have served as the passage for american natives. Historians often have to join fragments of possibilities so as to form a hypothesis. Enquiries into the meanings of the languages used by the original inhabitants have led to the belief that it may mean an abundance of butterflies, or an abundance of fish, or be the name of a very beautiful tree that grows here in our country. It has not been determined which of the three is the original source, but it is considered that all three are possible, since trees, fish and butterflies have given a magical touch to this isthmus from times immemorial.

This isthmus has been used as a place of transit since before the times of Columbus

Our geographical waistline was long ago used as a passageway by the original Americans who have left their traces in pottery, physical features, religion, social structure and politics. This helps us to discover

nos ayuda a encontrar ese perfil del panameño, que es la suma de muchos pueblos, de los cuales heredamos aspectos físicos y culturales, pero que también llevaron parte de esa mezcla hacia otras latitudes. Entre los grupos más reconocidos que pasaron por aquí, podemos mencionar a los nahuas, los mayas, los caribes y los chibchas.

¿Aún existe Santa María de Belén?

El mundo cambia a veces a velocidades vertiginosas. Después de permanecer aislados por siglos por un inmenso oceáno, se levantan las velas, y tres carabelas cruzan desafiantes ese muro de agua que ahora se convierte en enorme puente por donde fluyen en dos vías, civilizaciones que habían ido acumulando bellezas incalculables, experiencias valiosísimas y que al unirse dieron surgimiento a nuevas razas y nuevas culturas. Se define además, el contorno de esta enorme masa continental que se convierte en asombro y deslumbramiento para el viejo continente. El primero en poner los pies en esta tierra istmeña fue Rodrigo de Bastidas. En su último viaje, Colón visitó las costas panameñas, fundó el primer poblado español en Tierra Firme y lo llamó Santa María de Belén, que es hoy una población pequeña, ubicada en la costa norte a la entrada del río Belén. Sus moradores saben del origen de su nombre, pero no se encuentra allí ninguna huella de la colonización española.

Vasco Núñez de Balboa llega como polizón a las costas panameñas

Decidido, valiente y ambicioso se sube como polizón a una de las naves que salieron de Santo Domingo y que venían hacia Tierra Firme. En las tierras del indio Comagre supo de la existencia de un mar y de un país rico y poderoso que tenía mucho oro. Cuenta la leyenda que Vasco Núñez de Balboa se enamoró de una bella exponente de la raza indígena: Anayansi. Valiente, conquistador, no lo detuvo en su empresa

the profile of the Panamanian, which is the sum of many peoples, from whom we have inherited physical and cultural characteristics: these people also took part of our mixture to other latitudes. Among the best known peoples to have passed through here are the Nahuas, the Mayas, the Caribs and the Chibchas.

Does Santa Maria de Belén still exist?

At times the world changes at incredible speeds. After years of isolation because of the immense ocean, sails were hoisted and three caravels defied and crossed this wall of water, which then became an enormous bridge inviting the interchange of civilisations that had been accumulating incalculable beauty and invaluable experiences —their union gave rise to new races and new cultures. Moreover, the shape of this enormous continent, which was to amaze and dazzle the old continent, was determined. The first European to set foot on this land was Rodrigo de Bastidas. On his last voyage, Columbus visited the coasts of Panama and founded the first Spanish settlement, which he named Santa María de Belén, on Terra Firme. It is now a small town situated on the north coast, at the mouth of the Belen river. The population knows about the origin of the name, but no trace of Spanish colonization can be found here.

Vasco Núñez de Balboa reached the coasts of Panama as a stowaway

Resolute, brave and ambitious, he stowed away on one of the ships leaving Santo Domingo for Terra Firme. In the lands of Comagre he heard of the existence of a sea and a powerful, rich country with a lot of gold. Legend has it that Vasco Núñez de Balboa fell in love with Anayansi, a beautiful indigenous girl. A brave conquistador, the thick jungle in the province of Darién (which is still a

la espesa selva darienita, que aún hoy es un reto para quien se aventura en sus entrañas y llega a las costas de este nuevo e imponente mar el 25 de septiembre de 1513. Tomó posesión de él, en nombre de los Reyes de España y lo llamó Mar del Sur. Con este descubrimiento comprobó que éste era un nuevo continente y no parte de Asia, como se había pensado inicialmente.

En un villorrio de indios fundan la primera ciudad de Panamá

Carlos V expidió una Real Cédula por medio de la cual Panamá recibió el título de Ciudad de Panamá y un Escudo de Armas. Ya tenía Castilla de Oro su capital y pasó a ser la puerta abierta hacia el Mar del Sur y el punto de llegada para los expedicionarios que atravesaban el istmo. Panamá se convierte en un punto central y estratégico para la expansión de la Corona Española. De aquí parten expediciones hacia el sur y el centro de América dirigidas por osados expedicionarios, que febrilmente buscan riquezas y aventuras.

El silencioso Camino de Cruces, guarda el secreto de otros tiempos

El istmo abrió sus entrañas, se hicieron trochas, se buscaron rutas y se hizo un camino al andar. Se le llamó el Camino de Cruces, pues quienes por allí pasaban iban cayendo abatidos por los rigores de la selva y el calor tropical. Luego se explora otra ruta que se la denominó el Camino Real y por allí transitaron hombres y mulas cargando el oro y novedades, que causaban la admiración entre nuestros aborígenes. El istmo era el paso obligado. Portobelo, situado en una hermosa y protegida bahía se convirtió en el punto de llegada de las naves españolas y sus ferias hicieron de ella un emporio, en donde las mujeres lucían sus mejores galas, los hombres competían en astucia y bravura. Todo esto

challenge to those who dare to penetrate it) did not deter him, and he reached the coasts of this new, imposing sea on the September 25, 1513. He claimed possession of it in the name of the King of Spain and called it the South Sea. With this discovery he proved that this was a new continent and not a part of Asia, as had originally been thought.

The first City of Panama was founded in a native village

Carlos V sent a Royal Letters Patent by which Panama received the title of the City of Panama and a Coat-of-Arms. Castilla de Oro now had its capital city and became the port to the South Sea and the arrival point of all the expeditions crossing the isthmus. Panama became the central, strategic point for the expansion of the Spanish Crown. From here set out expeditions to South and Central America led by daring adventurers feverishly searching for risks and riches.

The silent Camino de Cruces keeps the secrets of other times

The isthmus was opened up, trails were made, routes were searched for and a path was trodden. It was called Camino de Cruces (The Way of the Crosses), as those who went along it were struck down by the rigours of the jungle and the tropical heat. Then another route was stablished and was called Camino Real (The Royal Way). Men and mules went down this way gathering gold and new experiences, to the admiration of our original ancestors. The isthmus was the crucial crossing point. The Spanish ships docked at Portobelo, situated in a beautiful, sheltered bay. Its fairs made of it an emporium, where the ladies wore their very best clothes and the men competed in astuteness and bravery. All this helped to weave dreams of riches, which increased the excessive ambition to obtain

sirvió para tejer los sueños de riqueza, que acrecentó la desmedida ambición por poseer esas inmensas vetas de oro, a las que la imaginación de los conquistadores le daban figuras de leyenda, como el Tesoro del Dabaibe y de ciudades, en donde este preciado metal corría como agua por las laderas de las montañas. Todo esto hizo de esta ciudad, un emporio comercial y el Camino Real fue testigo silencioso de ese caminar incesante de una costa hacia la otra. La ciudad de Panamá creció también y fue apetecida por los piratas y corsarios, que se aprestaron a participar en la repartición de tanta riqueza. Arremetieron con fiereza inusitada contra las naves abarrotadas del lingotes de oro y contra pueblos y caminos por donde se transportaba el codiciado metal.

También las otras potencias europeas utilizaban a los piratas y corsarios para sabotear las grandes conquistas de España y para participar en el reparto de las nuevas tierras.

Panamá y Portobelo: de su grandeza, sólo ruinas dejaron los piratas

Panamá y Portobelo se convirtieron en blancos apetecidos y por eso, en la medida que crecía su fama, en esa proporción aumentaba la amenaza de su destrucción. Y llegó lo que tanto se temía. A la Reina del Pacífico como se le llamaba, arribó un aciago día Henry Morgan, quien con sus hombres, sin escatimar penurias ni escollos acometió con fiereza contra la ciudad, que quedó destruida. Sólo se salvó el Altar de Oro, que se conserva aún en la iglesia de San José en la actual ciudad de Panamá. También se mantienen en pie, como un testimonio de esos tiempos, las ruinas de la que en esa época fue la más hermosa ciudad a orillas del majestuoso Mar del Sur: Panamá La Vieja. Portobelo también sucumbió ante el ataque del pirata Vernon y el silencio fue llenando sus calles y sus pobladores fueron quedándose sólo con el recuerdo de esos

those immense veins of gold which the imagination of the conquistadors turned into legendary figures, such as the Treasure of Dabaibe, and places where this valuable metal ran down the mountainsides like water. All this turned the city into a commercial centre, and Camino Real was a silent witness of the incessant movement from one coast to the other. The City of Panama also grew and was really tempting for pirates and corsairs, who hurried to participate in the distribution of such enormous wealth. With unusual fierceness they attacked the ships laden with gold ingots and the villages and roads through which the coveted metal was carried.

Other European powers used pirates and corsairs to sabotage the great Spanish conquests and to take part in the distribution of the new lands.

Panama and Portobelo: only the ruins of their grandeur was left behind by the pirates

Panama and Portobelo became the favourite targets, and so the greater their fame the greater the threat of their destruction. And what was greatly feared finally happened. One fateful day Henry Morgan arrived in the Kingdom of the Pacific, as it was called. He and his men, with no regard for their own safety, ferociously attacked the city, and destroyed it. Only the golden altar was saved; it can still be seen in San José's Church in the present City of Panama. Still standing, and giving evidence to those times, are the ruins of what was at the time the most beautiful city on the coasts of the majestic South Sea: Old Panama. Portobelo also fell before the attack from the pirate Vernon; silence began to fill its streets and the population was left with only the memory of the times when people crowded into its squares and into the markets of the majestic Customs House, where all the treasures which were later to be sent to Spain were kept. Also standing, as if to protect past

tiempos, cuando en sus plazas se apretujaban los hombres y las mercaderías de la majestuosa Aduana, en donde se guardaban los tesoros que luego se embarcarían hacia España. También se yerguen, como cuidando las glorias pasadas, las fortificaciones encargadas por el Rey al Ingeniero Antonelli: los castillos de San Felipe de Sotomayor, de Santiago de la Gloria y San Jerónimo.

El río Chagres, espectador silencioso de nuestra historia

Hay que resaltar el papel histórico que ha jugado, desde los tiempos de la conquista y colonización, el río Chagres. Su cauce fue utilizado como camino de agua para transportar hombres y mercancías y en su desembocadura se edificó el famoso Castillo de San Lorenzo, de donde apuntaban los cañones hacia el mar para impedir que corsarios y piratas utilizaran esa ruta para llegar a la codiciada ciudad de Panamá. Pero toda esa fortificación no fue suficiente para detener la arremetida del pirata Morgan y sus hombres, que silenciaron sus cañones y doblegaron la valentía de los españoles que cuidaban celosamente la entrada del río Chagres.

Felipillo y Bayano, leyenda y realidad

La colonización sometió a los indios y, para tener mano de obra más fuerte, según los conquistadores, se trajeron negros esclavos del África. Hay muchas leyendas, principalmente en torno a dos figuras: Felipillo y Bayano, negros que decidieron enfrentarse a sus opresores y provocaron confrontaciones que llenaron de esperanza a los negros y de terror a los blancos. Finalmente fueron sometidos y sus nombres sólo podían ser pronunciados en baja voz en las noches, cuando los negros y los indios contaban las epopeyas de sus héroes.

glories, are the fortifications commissioned by the king to the engineer Antonelli—San Felipe de Sotomayor, Santiago de la Gloria and San Jerónimo Castles.

The Chagres river, silent witness of our past

The historical role played by the Chagres river from the times of the conquest and colonization should also be mentioned. Its waters carried men and goods along its course; at the mouth was built the famous San Lorenzo Castle from which cannons pointed out to sea to prevent the corsairs and pirates from using this route to get to the highly coveted City of Panama. But all these fortifications were not enough to stop the attack by Henry Morgan and his men, who silenced the cannons and overcame the bravery of the Spaniards who were so carefully guarding the entrance to the Chagres river.

Felipillo and Bayano, legend and reality

Colonialization quelled the natives, and in order to have a stronger workforce, according to the conquistadors, black slaves were brought from Africa. There are many legends, mainly about two figures Felipillo and Bayano, two black slaves who decided to face up to their oppressors and provoked confrontations which filled the black people with hope and the white people with fear. They were finally put down and their names could only be mentioned in whispers at night, when the black people and the natives told of their heroes' deeds.

A new City of Panama was built

Morgan took everything —gold, prisoners, cloth, women— but he could not carry off the strong spirit of the Spanish conquistadors in his ships. A search was begun for a suitable place to build a new city which would serve as a base for the great task of

Se levanta una nueva Ciudad de Panamá

Morgan se llevó todo: oro, prisioneros, telas, mujeres, pero no pudo llevarse en sus naves el espíritu tenaz del conquistador español. Se inició la búsqueda de un lugar propicio para comenzar a construir la nueva ciudad que serviría de base para la inmensa tarea de escudriñar las costas, las selvas, los montes, las cordilleras que guardaba por siglos, en sus entrañas, esta nueva tierra. Así, el 21 de enero de 1673, Don Antonio Fernández de Córdoba y Mendoza, Gobernador del Istmo, fundó la nueva ciudad de Panamá en el lugar que hoy ocupa. Muchos factores incidieron para que esta nueva ciudad no alcanzara la fama ni el desarrollo que se esperaba entre otros: el clima, la eliminación de las ferias de Portobelo, la rebelión de indios y esclavos y el desvío de la ruta de los barcos que enfilaron sus proas hacia el Cabo de Hornos. Panamá se fue quedando silenciosa, añorando el pasado y esperando pacientemente, que otra vez los hombres reclamasen su posición estratégica para partir o llegar cargados de dinero, de esperanzas y proyectos.

Los gritos de independencia recorrían la columna vertebral de América

Se había colocado en el mapa un nuevo continente con características muy peculiares: mezcla de razas, intereses económicos, vastos territorios inexplorados. Se hacían evidentes las pugnas por parte de las potencias como España, Inglaterra y Francia por controlar estos territorios, a la vez que los hombres que habitaban estas tierras iniciaban la lucha en la búsqueda de su propia identidad. Recorren así, desde la Patagonia hasta la altiplanicie mejicana los pensamientos de independencia y resuenan gloriosas las arengas de Bolívar, San Martín, O'Higgins, Morelos y muchos más que han pasado, como

investigating the coastline, the jungles, the mountains and the montain chains which had enclosed this new land for so many centuries. So, on the 21st January 1673 Antonio Fernández de Córdoba y Mendoza, Governor of the Isthmus, founded the new City of Panama, in the place where it still stands. Many factors such as the climate, the elimination of the Portobelo markets, the rebellion of the slaves and the natives, and the change in the routes followed by the ships, which now directed their bows towards Cape Horn, determined that this new city should reach neither the fame nor the development expected of it. Panama gradually fell silent, grieving for its past and patiently waiting for men to once more make use of its strategic position, setting off and arriving laden with money, hopes and plans.

Shouts for independence ran down the backbone of America

A new continent with very particular characteristics —a mixture of races, economic interests and vast unexplored areas— had been placed on the map. Struggles between powers such as Spain, England and France to obtain control of these territories had become manifest, and the people who lived here had also begun a fight in search of their own identity. And so the idea of independence began to run from Patagonia to the high tablelands of Mexico, and the air was filled with the impassioned speeches given by Bolívar, San Martín, O'Higgins, Morelos and many more who have gone down in the pages of the history of America. Panama also took part in this new stage of development, and in one distant inland village a woman called Rufina Alfaro let forth the first shout of independence on the November 10, 1821, an action which they managed to consolidate on the twenty-eighth of the same month. Bolívar had already managed to light the flame of a Great Fatherland and to form Great Colombia, perhaps

ejemplo, a las páginas de la historia americana. Panamá también se incorpora a esta nueva etapa de su desarrollo y, en un lejano pueblo del interior, una mujer llamada Rufina Alfaro lanza el 10 de noviembre el Primer Grito de Independencia, acción que logra consolidarse el 28 de ese mismo mes del año 1821. Bolívar había logrado encender la llama de una Patria Grande y logra integrar la Gran Colombia soñando quizás, que algún día todo este territorio se incorporara a su proyecto. Panamá acude al llamado de Bolívar y al independizarse de España se une a la Gran Colombia.

El Congreso Anfictiónico y la visión de Bolívar

Bolívar el visionario, vio en perspectiva la estratégica posición del Istmo en el desarrollo político, económico y cultural de América. Por esto convoca el congreso Anfictiónico en 1826 en la ciudad de Panamá. En la carta que envía a los países de América decía lo siguiente: «*Parece que si el mundo hubiese de elegir su capital, el Istmo de Panamá sería señalado para este augusto destino, colocado como está en el centro del globo, viendo por una parte el Asia y por otra, América y Europa*».

Se desvanece el sueño Bolivariano

Luego vinieron años difíciles, en donde la esperanza se rompió al estrellarse contra la anarquía reinante una economía inestable y las luchas intestinas por el poder. Fue así como se fue desintegrando el sueño de Bolívar y sólo quedó Panamá unida a Colombia. En esta etapa de nuestra vida como parte de Colombia se consolidó la fisonomía del Istmo, se delinearon sus contornos como país y quedó claramente confirmado que teníamos objetivos, costumbres y tradiciones que fundamentaban nuestra separación de Colombia.

dreaming that one day all this territory would become part of his plan. Panama followed Bolívar's call, and became independent of Spain to join Great Colombia.

The Anphyctyonic Congress and Bolívar's vision

Bolívar, the visionary, was aware of the strategic position of this isthmus in the political, economic and cultural development of America. For this reason he convened the Anphyctionic Congress in the City of Panama in 1826. In the letter he sent to the countries in America he said the following: «It seems that if the world had to choose its capital the Isthmus of Panama would be the most suitable place for this mighty destiny, situated as it is in the centre of the world, giving on the one hand to Asia, and on the other to America and Europe.»

The fading of Bolívar's dream

*There followed difficult years in which hope shattered as it came up against the reigning anarchy, economic instability and internal fights for power. In this way Bolívar's dream gradually disintegrated and only Panama remained united with Colombia.
During this period of our history as part of Colombia the geography of the isthmus was consolidated, its political contours were mapped out, and it was clearly confirmed that we had objectives, customs and traditions which would lay the foundations of our final separation from Colombia.*

The Californian gold mines and the Panama Railway

It is interesting to remember some of the main events which shook the apparent inertia that predominated at this time. One of them was the discovery of gold mines in California, which encouraged many men to defy great distances and all kinds of difficulties in a desire to find this coveted

Las Minas de Oro de California y el Ferrocarril de Panamá

Es interesante recordar algunos de los principales acontecimientos que sacudieron la aparente inercia que se vivía en este período.

Uno de ellos, fue el descubrimiento de las Minas de Oro de California, que empujó a muchos hombres a desafiar las distancias y toda clase de dificultades para encontrar tan codiciado metal. El Istmo era la cintura más estrecha para pasar de un lado a otro del vasto territorio de América del Norte: por eso comenzaron a arribar a estas tierras, exploradores, aventureros y soñadores. Igual que muchos años antes, el Camino de Cruces y el río Chagres sirvieron de confidentes a los que iban en busca de riquezas.

Este acontecimiento plantea la necesidad de usar otro medio de comunicación, más rápido y menos peligroso para atravesar el Istmo. Surge así la idea de construir un ferrocarril transistmíco. Fue toda una epopeya: el hombre luchando contra la naturaleza, desafiando los peligros, logra unir la costa atlántica con la pacífica.

En el Atlántico estaba la isla de Manzanillo, la cual se unió por medio de un relleno a tierra firme y en donde se fundó la ciudad de Colón, ciudad terminal del ferrocarril en el Atlántico. Esta fue una época donde corrió el dinero: la prosperidad económica guardaba una gran similitud con la que se vivió durante las ferias de Portobelo. Panamá emergía del silencio y se convertía por obra y gracia de su posición estratética, en emporio de hombres y de riquezas.

Pero, una vez más, las circunstancias adversaron esta etapa de prosperidad al construirse el ferrocarril, que une las dos costas en la gran nación del Norte. El silencio volvió a rondar por nuestras calles, en donde se recordaban los días de opulencia y a la vez se tejían esperanzas de recobrar, algún día, el auge de otros tiempos.

metal. The isthmus was the narrowest stretch by which to cross from one side of the vast territory of North America to the other. For this reason explorers, adventurers and dreamers began to arrive in these lands. Like many years before, Camino de Cruces and the Chagres river became the trusty friends of those who went in search of riches. This brought up the necessity of using some other means of communication —a faster, less dangerous way of crossing the isthmus. So the idea of building a railway across it was suggested. It was an epic event —men fighting against nature, defying danger to join the Atalntic coast with the Pacific. In the Atlantic is the island of Manzanillo, which was joined to the mainland by means of building up the sea bed —here was founded the town of Colón, at the end of the railway line on the Atlantic coast. These were times when there was plenty of money— the economic prosperity was very similar to that experienced at the time of the markets in Portobelo. Panama emerged from its silence and became, through hard work and thanks to its strategic position, an emporium of people and riches. But once again circumstances moved against this period of prosperity when the railway which joins the two coasts of the great nation to the north was being built. Silence returned to our streets, where the people remembered the days of opulence and at the same time built hopes of one day regaining the splendour of other times.

The French Canal Project... another dream that faded away

You will remember how from the times of the conquest and colonialisation many people suggested the possibility of opening up the insides of this isthmus, so as to join the oceans and offer the world a waterway permitting rapid and safe communications. The glory obtained by Ferdinand de Lesseps when he successfully completed the Suez

El Proyecto del Canal Francés... otro sueño que se desvaneció

Recordemos que desde la época de la conquista y la colonización fueron muchos los que plantearon la posibilidad de abrir las entrañas de este Istmo, para que la unión de los océanos ofreciera al mundo un camino de agua que permitiese una comunicación rápida y segura. La gloria alcanzada por Fernando De Lesseps al terminar con éxito el Canal de Suez, motivó a los franceses a emprender la gran obra del Canal. La Nueva Granada le concede a la Compañía Universal del Canal Interoceánico, los derechos para ejecutar esta obra. Las enfermedades, la falta de condiciones sanitarias y la malversación de los fondos causaron, entre otras cosas, el fracaso de este proyecto.

Nuevamente, el auge que había traído esta obra, se convierte en frustración y los sueños se desvanecen, ante la realidad. Sin embargo, el panameño sabe que ese recurso natural puede algún día concretarse en una respuesta, para resolver nuestros apremiantes problemas económicos.

Intentos de Panamá por separarse de Colombia

El Istmo estaba acosado por múltiples problemas, ya que no recibía la atención necesaria por parte de Colombia. Intentó en varias oportunidades realizar esta separación. Fue así como en 1830, 1831 y 1840 se organizaron movimientos que, a pesar de tener claros los objetivos a perseguir, no lograron consolidar la separación. En 1852, Don Justo Arosemena, notable jurista panameño, dotado de una gran visión sobre el futuro de esta nación, consiguió que Panamá se constituyera en un Estado Federal con la aprobación del Senado Colombiano. El Presidente del Senado Colombiano frente a este hecho y con clara comprensión de la evolución histórica de nuestro pueblo, expresó lo siguiente: «*Ese es el primer paso... tarde o temprano Panamá*

Canal moved the French to undertake the building of the Panama Canal. Nueva Granada conceded the rights to carry out this undertaking to the Universal Interoceanic Canal Company. Illness, the lack of good sanitary conditions and the misappropiation of funds led, among other things, to the failure of this project.

Panama tries to separate from Colombia

The isthmus was experiencing numerous problems, as it was not receiving the necessary attention from Colombia. On several occasions attempts were made to separate. In 1830, 1831 and 1840 movements were organised to this end, but although they had very clear objectives in mind, the said separation was not achieved. In 1852 Justo Arosemena, a famous Panamanian lawyer who was gifted with great vision as regards the future of this nation, managed to have Panama declared a Federal State, with the approval of the Colombian Senate. At the time the President of the Colombian Senate, who clearly understood the historic evolution of our nation, declared: «This is the first step... sooner or later Nueva Granada will lose Panama.» The central policy of the Colombian goverment was to spoil this effort.

One further step forward and independence

The expansion of world trade, the widening of frontiers because of the discovery of new sources of wealth, and growing industrialization offered a new dynamic to the relations between nations. Panama, in its privileged position, was conscious of its role in these new relations. The economic crisis of the time became much graver when the country was obliged to participate in the fight that arose in Colombia between liberals and conservatives. This battle was known as the Thousand Days' War. One fighter in our land who was outstanding for his courage was Victoriano Lorenzo. He led an army of natives who

será perdida para la Nueva Granada». La práctica centralista del Gobierno colombiano dio al traste con este esfuerzo.

Un paso más y fuimos independientes

La ampliación del comercio mundial, el ensanchamiento de las fronteras por el descubrimiento de nuevas fuentes de riqueza, la industrialización creciente, daban una nueva dinámica a la relación de los pueblos. Panamá, con una posición privilegiada era consciente de su papel en esta nueva relación. La crisis económica que vivíamos, cobra dimensiones más dramáticas al verse comprometida a participar en la lucha de liberales y conservadores que se originó en Colombia. A esta contienda se le denominó la Guerra de los Mil Días. En nuestras tierras se distinguió por su bravura el guerrillero Victoriano Lorenzo, quien comandó un ejército de indios que se levantaron para reclamar sus derechos y que veían en el liberalismo una oportunidad para salir de la opresión en la que estaban sumidos. El caudillo liberal Dr. Belisario Porras también tuvo un papel destacado en esta contienda. Esta lucha dejó como saldo una enorme cantidad de muertos, familias divididas, empobrecimiento total y pocas esperanzas en el futuro.
Este panorama desolador se ve alentado por las negociaciones entre Estados Unidos y Colombia para la firma de un Tratado que establecería la construcción del canal por nuestra cintura ístmica. El Senado Colombiano rechaza este tratado, llamado Herran-Hay. Esta decisión colmó la paciencia de los panameños que veían en esta negociación una esperanza para salir del estancamiento económico en que estábamos sumidos. Grupos de patriotas se organizan y declaran la separación de Colombia el 3 de noviembre de 1903. El Dr. Manuel Amador Guerrero fue escogido como nuestro primer Presidente. En esta forma entra Panamá al consorcio

*had rebelled to reclaim their rights and had seen in liberalism an opportunity for liberation from the oppression which has submerged them. The liberal leader Dr. Belisario Porras also played an important part in this dispute. The fight left behind it an enormous number of dead, split families, an overall empoverishment and few hopes for the future.
This distressing scene was aleviated by the negotiations between the United States and Colombia to sign a treaty which would lead to the construction of the canal across our isthmus.
The Colombian Senate rejected this treaty, known as the Herran Hay Treaty. This decison was the final straw for the Panamanians, who had seen these negotiations as a way out of the economic standstill to which the country had come. They organised groups of patriots and declared the country's separation from Colombia on November 3, 1903. Dr. Manuel Amador Guerrero was chosen as our first president. In this way Panama entered the consortium of independent nations. It then had to face the arduous task of organising the country to find solutions to the multiple problems confronting it: health, education, transport and communications, housing and territorial organisation. The firm conviction of those who lived in this land that we were a people with one definite idiosyncracy, with determination to create a common destiny for all, and with the conviction that our strategic position was one of our main natural sources of wealth, which should be exploited for the benefit of all Panamanians, were components that helped in the difficult task of constructing the republic. Notable statesmen who occupied the Presidency of the Republic helped in the modernization of the state and the consolidation of our national identity.
The Panamanians considered that the treaty by which the Panama Canal was constructed did not meet our interests and that it lesioned our sovereignty as a nation. During our life as a republic protest*

de naciones independientes. Se enfrenta entonces a la ardua tarea de organizar el país para darle respuestas a los múltiples problemas que confrontaba: salud, educación, comunicaciones, viviendas, organización territorial. La firme convicción de los que habitaban este territorio de que éramos un pueblo con una idiosincrasia definida, con determinación de construir un destino común para todos y con la convicción de que nuestra posición estratégica era una de nuestras principales riquezas naturales y que debíamos explotarla para beneficio de los panameños, fueron componentes que ayudaron a la difícil tarea de construir la república. Notables estadistas que ocuparon la presidencia de la República contribuyeron a la modernización del Estado y a la consolidación de nuestra identidad nacional.

Los panameños consideraron que el Tratado, por medio del cual se construyó el Canal, no respondía a nuestros intereses y que lesionaba nuestra soberanía como nación. Durante nuestra vida republicana, se suscitaron manifestaciones de protesta y muchos gobernantes, entre los que destacaron: el Dr. Harmodio Arias Madrid, el Coronel José A. Remón Cantera, el Dr. Arnulfo Arias Madrid y Don Ernesto de la Guardia, entablaron negociaciones con los Estados Unidos para revisar las cláusulas de este Tratado. Finalmente, el 7 de septiembre de 1977, se firman en la sede de la Organización de los Estados Americanos (O.E.A.) en Washington y ante la presencia de todos los gobernantes de los países americanos, los Tratados Torrijos-Carter, que fueron ratificados por el Senado norteamericano y en Panamá, mediante un plebiscito popular.

Algunos de los aspectos significativos logrados con los nuevos Tratados son los siguientes: el reconocimiento de la soberanía de Panamá en la franja canalera; el aumento de la anualidad por el arrendamiento de esta Zona, acorde con la participación de Panamá en esta empresa; se

demonstrations have arisen, and many governors, the most important of whom being Dr. Harmodio Arias Madrid, Colonel J. A. Ramón Cantera, Dr. Arnulfo Arias Madrid, and Ernesto de la Guardia began negotiations with the United States to revise the articles of the treaty. Finally, on September 7, 1977, the Torrijos-Carter Treaties were signed at the headquarters of the Organisation of American Nations (OAS) in Washington, in the presence of all the Presidents of American countries; these treaties were ratified by the Senate of the USA and by referendum in Panama.

Some of the significant aspects obtained in the new treaties were the following: recognition of Panamanian sovereignty in the Canal Zone and an increase in the yearly rent of this zone in accordance with the participation of Panamá in this enterprise. The December 31, 1999 was established as the date for placing the canal back in Panamanian hands, and the canal was declared neutral, as it is considered that this waterway should be open to all the ships in the world and, moreover, that it should not enter into any bellic conflict. By this means the security of our country is ensured, as well as the neutrality of this waterway.

The motto on our shield says: «Pro Mundi beneficio» (for the benefit of the world) and we are proud to help to join nations with this waterway that shortens distances, saves effort, money and time, and brings countries closer together in the search for a world of peace and love for all men.

WHY ARE WE THE HEART OF AMERICA?

If you look at the map of the world you will easily observe how the Republic of Panama is situated in the middle of the continent of America. This isthmus is the narrowest, the easternmost and the furthest south of those in Central America.

It is situated in the northern hemisphere, in the

estableció además el 31 de diciembre de 1999 para revertir el Canal a manos panameñas y se reguló la neutralidad del Canal, ya que se considera que esta vía debe estar abierta a todos los barcos del mundo y, además, que no debe entrar en ningún conflicto bélico. En esta forma se preserva la seguridad de nuestro país y la neutralidad de esta vía acuática. El lema de nuestro escudo dice: «Pro Mundi beneficio» y nos sentimos orgullosos de contribuir a enlazar los pueblos, a través de este camino de agua que acorta las distancias, ahorra esfuerzos, dinero, tiempo y permite a los países un mayor acercamiento en la búsqueda de un mundo lleno de paz y amor para los hombres.

¿POR QUÉ SOMOS EL CORAZÓN DE AMÉRICA?

Si observamos con atención un mapamundi, notaríamos fácilmente la ubicación céntrica de la República de Panamá en el continente americano. El istmo de Panamá es el más angosto, el más oriental y el más bajo de los istmos que encontramos en la América Central.
Está localizada en el Hemisferio Norte, en la Zona intertropical y también pertenece al Hemisferio Occidental. En relación a los océanos y mares es considerado un país marítimo, con extensas costas y fácil acceso a los océanos más importantes: el Pacífico y el Atlántico.
Por su posición central en el continente americano y por su configuración, Panamá ha sido el escenario geográfico escogido por la gran obra que ha facilitado la comunicación internacional: el Canal de Panamá.
Tiene como vecinos a la República de Costa Rica por el este y a la República de Colombia por el oeste. Al norte limita con el Mar Caribe y al sur con el Océano Pacífico.
Su superficie es de 77 082 Km².

intertropical zone, and also belongs to the western hemisphere. As regards seas and oceans, it is considered a maritime country, with vast coastal areas and easy access to the most important oceans: the Pacific and the Atlantic.
Because of its central position in the continent of America and its shape, Panama was geographically selected for the great engineering feat that has made international communications easier: the Panama Canal.
It has as neighbours the Republic of Costa Rica on the east and the Republic of Colombia on the west. To the north it is bordered by the Caribbean and to the south by the Pacific Ocean. Its total surface area is of 77.082 Km².

Plains, mountains and hills predominate

In general, the lowlands predominate. On the Pacific coast there are numerous hills and wide plains watered by abundant rivers on which there are fish farms and fine towns.
The coastal plains beside the Caribbean are watered by numerous rivers, the most important of which is the Chagres, a long wide river. The middle section has been dammed to produce Lake Gatún and Lake Alajuela, which are necessary for the operation of the canal.
The highlands stand over 700 m. The climate is cool and pleasant. Some of the important features are Mt. Barú (3,475 m, volcanic), the Central Highlands, Serranía de San Blas and Macizo del Canajagua, where numerous rivers which water the central and western provinces of the country rise.

Sunny days and cooling breezes make up our climate.

The climate is tropical with more or less consistent temperatures throughout the year. From May to December there is a moderate rainy season; the dry

Llanuras, montañas y colinas predominan en nuestro relieve

En general, predominan las tierras bajas. En el Pacífico, son numerosas las colinas y las extensas llanuras regadas por caudalosos ríos, en donde se han desarrollado actividades agropecuarias e importantes centros de población.
Las llanuras costeras del área del Caribe, están regadas por numerosos ríos, entre los que sobresalen el río Chagres de gran longitud y amplia cuenca y que al represar su caudal medio dio origen a los Lagos Gatún y Alajuela, indispensables para el funcionamiento del Canal.
En las Tierras Altas altitudes superiores a los 700 m, con clima fresco y agradable, encontramos el Volcán Barú (3 475 m), la Cordillera Central, la Serranía de San Blas, el Macizo del Canajagua, entre otros, en donde se originan numerosos ríos, que riegan las provincias centrales y occidentales del país.

Días soleados y refrescantes brisas caracterizan nuestro clima

El clima es tropical con temperaturas más o menos uniformes durante todo el año; con una estación lluviosa que se extiende de mayo a diciembre con lluvias moderadas y una estación seca que va de enero a abril, período en que soplan permanentemente los vientos alisios, que hacen más placenteros los soleados días de este período del año.

LA POBLACIÓN ES HETEROGÉNEA

A pesar de que nuestro país tiene escasa población, ya que apenas contamos con 2,809,280 habitantes (a Julio de 1999), su composición étnica es muy compleja, como resultado de nuestra situación de país de tránsito.
En nuestro país predomina el grupo mestizo, que es el producto de la mezcla del español con el indio.

season, which runs from January to April, is marked by the permanent trade winds, which make the sunny days at this time of the year more pleasant.

THE POPULATION IS HETEROGENEOUS

Although the population of our country is very low, as there are only 2,809,280 inhabitants (July, 1999), the ethnic composition is highly complex, as a result of our situation as a country of transit.
The half-castes, the result of Spanish and native inter-marriage make up the largest group.
These are followed by Indian groups made up of Kunas, Gyaymies, Chocoes and Bokotás.
The colonial-African groups arrived here from Africa in colonial times, during the period of slavery.
Also of African origin is the black West Indian group. These pepple arrived in Panama from Jamaica, Trinidad and Martinique at the time of the construction of the canal.
Spaniards, Italians, Chinese, Hebrews and Indians, Greeks, Colombians, Salvadorans, etc. also make up our extremely heterogeneous population.
The official language is Spanish. English is also spoken, and in most hotels and large shops the staff is bilingual.

AIR, LAND AND SEA TRANSPORT

There are land, sea and air routes. The Boyd-Roosevelt Highway runs parallel to the canal, and joins the cities of Panama and Colón. The National or Panamericana Highway links the capital city with the rest of the country.
The Panamá Railway also links Panama with Colón. There are numerous air routes which link us with the rest of the world, using the modern international airport of Tocumen, and Marcos A. Gelabert Airport in Paitilla.

Luego contamos con grupos aborígenes formados por los indios kunas, guaymíes, chocoes y bokotás.
El grupo afro-colonial, descendientes de África, llegaron en la época colonial, durante el período de la esclavitud.
También de origen africano es el grupo afro-antillano, que procedente de Jamaica, Trinidad y Martinica, llegaron a Panamá en el período de la construcción del Canal.
Españoles, italianos, chinos, hebreos, hindúes, griegos, colombianos, salvadoreños, etc., también forman parte de nuestra población tan heterogénea.
El *idioma oficial* es el español. Se habla también el inglés y en la mayoría de los hoteles y comercios importantes, el personal es bilingüe.

NOS COMUNICAMOS POR AIRE, TIERRA Y MAR

Existen vías terrestres, acuáticas y aéreas.
La *carretera Boyd-Roosevelt*, corre paralela al Canal y une las ciudades de Panamá y Colón.
La *carretera Nacional o Panamericana* une la ciudad capital con el resto del país.
El ferrocarril de Panamá también une las ciudades de Panamá y Colón.
Existen numerosas líneas aéreas que nos comunican con el mundo entero y que utilizan el moderno Aeropuerto Internacional de Tocumen y el Aeropuerto Marcos A. Gelabert en Paitilla.
También en la ciudad de David, el Aeropuerto Enrique Maleck.
El Canal de Panamá con sus puertos terminales, Balboa y Cristóbal es nuestra principal vía acuática, que une rápidamente dos grandes océanos del mundo: el Pacífico y el Atlántico.
Líneas de autobuses viajan diariamente de la capital hacia diferentes poblaciones del interior del país.
También hay servicio permanente de taxis y carros de alquiler.

In the town of David we have the Enrique Maleck Airport. The Panama Canal, with its ports of Balboa and Cristóbal, is our main waterway, offering a fast link between two great oceans in the world: the Pacific and the Atlantic.
Buses run daily from the capital to various towns within the country.
There is also a permanent taxi and car hire service.

POLITICAL STRUCTURE AND STATE BODIES

Panama is a sovereign, independent state, with a unitarian, republican, democratic, representative government.
Our constitution establishes that public power should emanate from the people and be exercised by the state through the executive, the legislative and the judicial bodies, which have limited power and act separately, but in harmonic collaboration. The Executive Body is made up of the President and the Ministers of State.
The President is elected by direct popular suffrage, through a majority of votes and for a period of 5 years.
The Legislative Body is made up of a corporation called the Legislative Assembly, the members of which are elected by direct popular vote, for a period of 5 years.
The Judicial Body takes charge of the administration of justice in a free, expeditious and uninterrupted way. It is composed of the Supreme Court of Justice, the tribunals of justice and the courts established by law.
The Public Ministry is not a state body. It is a judicial organisation led by the Attorney General of the Nation. Another important civil servant within the organisation of the government is the Attorney of the Administration, whose function is to resolve the questions posed by civil servents and to defend the

ESTRUCTURA POLÍTICA Y ÓRGANOS DEL ESTADO

Panamá es un Estado soberano e independiente, cuyo gobierno es unitario, republicano, democrático y representativo.

Nuestra Constitución establece que el poder público emana del pueblo y lo ejerce el Estado, mediante los órganos Ejecutivo, Legislativo y Judicial limitada y separadamente, pero en armónica colaboración. El *Órgano Ejecutivo* está constituido por el Presidente y los Ministros de Estado.

El Presidente es elegido por sufragio popular directo, y por mayoría de votos, por un período de 5 años.

El *Órgano Legislativo* está constituido por una corporación denominada Asamblea Legislativa, cuyos miembros son elegidos por votación popular directa, por un período de 5 años.

El *Órgano Judicial* se encarga de la administración de la justicia en forma gratuita, expedita e ininterrumpida. Está constituido por la Corte Suprema de Justicia, los Tribunales de Justicia y los Juzgados que la Ley establezca.

El *Ministerio Público* no es un órgano del Estado. Es una organización judicial dirigida por el Procurador General de la Nación. Otro funcionario de importancia, dentro de la organización del gobierno, es el Procurador de la Administración, cuya función, consiste en resolver las interrogantes que le formulan los funcionarios públicos y defender los intereses de la nación, cuando éstos sean demandados.

La autoridad principal en las provincias es el Gobernador y en los distritos, el Alcalde.

Políticamente, nuestro país está dividido en nueve (9) provincias, sesenta y cuatro (64) distritos, cuatro (4) comaracas indígenas y quinientos ochenta y ocho (588) corregimientos.

Los símbolos de la Patria son el distintivo de todo Estado. La Constitución Nacional de nuestro país establece que nuestros símbolos son: el Escudo de Armas, el Himno Nacional y la Bandera Nacional.

La Flor del Espíritu Santo es nuestra flor nacional. Es

interests of the nation when they are being claimed against.

The main authority in the provinces is the governor, and in local councils the mayor.

Politically, our country is divided into nine (9) provinces, seventy four (74) districts, four (4) indigenous regions and five hundred and eighty eight (588) subdistricts.

The emblems of our land are those typical in all states. The National Constitution of the country establishes our emblems as: the coat-of-arms, the national anthem and the national flag. The holy spirit flower is our national flower. It is a beautiful orchid which grows in the countryside, and is considered to be the flower that represents the spirit of the Panamanians.

EDUCATION

The organisation and management of education is carried out exclusively by the state. The Ministry of Education is the body that orientates and directs the educational and cultural process in our country.

There are state, or official, schools financed by the goverment and private, or fee-paying, schools.

State schools are free at all pre-university levels; the first level of education, or primary education, is compulsory.

We have a great number of centers of education, some of which are very modern and others which are less well equipped as regards facilities and teaching aids.

10,7% of the population over the age of 10 throughout the country, excluding the indigenous area, cannot read or write, according to the most recent census.

The education system is divided into three levels: primary, secondary and higher. There are four universities in the country: Panama University (state) with university colleges in David, Chitré, Penonomé,

una hermosa orquídea que crece en nuestra campiña y que se considera como la flor que representa el espíritu del panameño.

LA EDUCACIÓN

La organización y dirección de la educación es un deber exclusivo del Estado. Es el Ministerio de Educación el organismo encargado de orientar y dirigir el proceso educativo y cultural de nuestro país. Existen colegios públicos u oficiales financiados por el Estado y colegios particulares o privados.
La educación oficial es gratuita en todos los niveles preuniversitarios y es obligatorio el primer nivel de enseñanza o educación básica general.
Contamos con gran cantidad de instalaciones educativas, algunas muy modernas y otras con limitaciones, en cuanto a comodidades y a material de enseñanza.
A nivel nacional, el porcentaje de analfabetismo de la población de 10 años y más, excluyendo las áreas indígenas, es de 10,7, según el más reciente censo.
La organización del sistema educativo está constituida por tres niveles de enseñanza: primaria, media y superior. Funcionan en el país cuatro universidades: la Universidad de Panamá (oficial) con extensiones universitarias en David, Chitré, Penonomé, Colón y Santiago; la Universidad Santa María La Antigua (privada); la Universidad Tecnológica (oficial) y la Universidad del Istmo (privada).
Existen además del Ministerio de Educación, otras instituciones del Estado que se dedican al fomento de la educación y la cultura: el Instituto Panameño de Habilitación Especial (IPHE), el Instituto para la Formación y Aprovechamiento de los Recursos Humanos (IFHARU) y el Instituto Nacional de Cultura (INAC).
El país cuenta con escuelas nacionales de Música, de Artes Plásticas, de Danzas, de Teatro, la Escuela Náutica y la Escuela de Aeronáutica.
Se destacan también la Academia Panameña de la

Colón and Santiago; Santa María La Antigua University (private); the Technology University (state) and the Itsmo University (private).
As well as the Ministry of Education other state institutions are dedicated to the furtherance of education and culture: the Panamanian Institute for Special Education (IPHE), the Institute for the Formation and the Development of Human Resources (IFHARU) and the National Institute of Culture (INAC).
The country has national schools of music, of fine arts, of dance, of drama, the Nautical School and the Aeronautics School.
Also of importance are the Panamanian Academy of Language, the Panamanian Academy of History, the Panamanian Institute of Hispanic Culture, the National Commission of Archeology and Historic Monuments, two fine public libraries: the Scholastic LIbrary and the Ernesto J. Castillero Library and the Museum of the Panamacanal.

DEMONSTRATIONS OF CULTURE ARE PART OF OUR DAILY LIFE

Our nation has expressed its sentiments through works of art which have had worthy exponents throughout the various stages of our history, such as the highly esteemed paintings by Roberto Lewis which embellish the National Theatre and the Presidency of the Republic. Nowadays the fine arts, music, dance and literature are produced by outstanding artists, whose works have travelled beyond our national frontiers. Exhibitions of art are often held in galleries and museums, concerts take place, and plays, ballet and traditional dancing can be seen.

Museums and theaters

THE PANAMANIAN HERITAGE MUSEUM: situated in the former railway station, it was inaugurated in 1976. It offers: an auditorium; a room for temporary

Lengua, la Academia Panameña de la Historia, el Instituto Panameño de Cultura Hispánica, la Comisión Nacional de Arqueología y Monumentos Históricos, dos importantes bibliotecas públicas: la Biblioteca Escolar y la Biblioteca "Ernesto J. Castillero" y el Museo del Canal de Panamá.

LAS MANIFESTACIONES CULTURALES SON PARTE DE NUESTRA VIDA COTIDIANA

Nuestro pueblo ha expresado sus sentimientos a través de manifestaciones artísticas que tuvieron dignos exponentes en las diversas etapas de nuestra evolución histórica, como las valiosas pinturas del maestro Roberto Lewis que embellecen el Teatro Nacional y la Presidencia de la República. En la actualidad, la plástica, la música, la danza, la literatura están representadas por destacados artistas, cuyas obras han trascendido las fronteras nacionales. Con frecuencia se realizan exposiciones de pinturas en Galerías y Museos, se ofrecen conciertos y se presentan obras de teatro y espectáculos de danza clásica y folklórica.

Museos y teatros

EL MUSEO DEL HOMBRE PANAMEÑO: está ubicado en la antigua estación del Ferrocarril, fue inaugurado en 1976. Sus salas presentan: Auditórium, Sala de exposiciones temporales de Etnografía, Oro, Arqueología, de Contacto de Culturas, colecciones de cerámica, lítica, oro y artesanía, Sala Didáctica, Taller, Biblioteca y Servicio de Guía en español e inglés.

EL MUSEO DE ARTE RELIGIOSO COLONIAL: fue inaugurado en 1974 en la Capilla de Santo Domingo. Su Retablo barroco (siglo XVIII), pinturas, tallas y platería de las escuelas quiteña, mexicana, cuzqueña y panameña (siglos XVI al XIX), son obras únicas.

EL MUSEO DE CIENCIAS NATURALES: está situado en el antiguo Museo Nacional desde 1975. Sus salas

exhibitions of ethnography, gold, archeology, contact between cultures, collections of pottery, stones, gold and craftsmanship, a lecture room, a workshop, a library and guided tours in Spanish and English.

THE MUSEUM OF COLONIAL RELIGIOUS ART: was inaugurated in 1974 in Santo Domingo's Chapel. The baroque altarpiece (18th century), paintings, images and silverwork from Quito, Mexico, Cuzco and Panama (16th to 19th century) are unique.

THE NATURAL HISTORY MUSEUM: has been housed in the former National Museum since 1975: there are rooms for geology and paleontology, national and foreign fauna and insects, as well as taxidermy laboratories.

THE HISTORY OF PANAMA MUSEUM: is housed in the Panama Local Council building, which dates from 1910. Its rooms compile the history of Panama from the time of its discovery to the present day. The Natá Archeology Museum, the Belisario Porras National Museum, the Afro-West Indies Museum, the Museum of Contemporary Art, the Manuel F. Zárate Museum, the Museum in Chitré and the museum in David also contain evidence of the cultural and archeological wealth of our nation.

THE NATIONAL THEATRE is a neo-classical building dating from 1909, with impressive murals and details from that time. Each season it offers concerts, dance and plays.

Also worthy of note are the En Círculo Theatre and the Cúpula Theatre, which offer lyrical and dramatic performances.

The country also has a National Symphonic Orchestra, the Panama National Ballet Company and the Panama Folk Dance Company.

COLORS, SHAPES AND DESIGNS CHARACTERISE OUR CRAFTWORK

There is a tradition of craftwork in Panama, as the first people to inhabit the isthmus worked with pottery, metal, wood, thread, leather, textiles and stone.

presentan: Sala de Geología y Paleontología, Sala de Fauna Nacional y Extranjera, Sala de Insectos y Laboratorios de Taxidermia.
EL MUSEO DE HISTORIA DE PANAMÁ: está ubicado en el edificio del Municipio de Panamá, que data de 1910. Sus salas recopilan la historia del Itsmo, desde el descubrimiento hasta hoy.
El Museo Arqueológico de Natá, el Museo de la Nacionalidad «Belisario Porras», el Museo Afroantillano, el Museo de Arte Contemporáneo, el Museo «Manuel F. Zárate» y los Museos de Chitré y David son también depositarios de la riqueza cultural y arqueológica de nuestro pueblo.
EL TEATRO NACIONAL: es un edificio neoclásico de 1909, con impresionantes murales y detalles de la época. Cada temporada artística ofrece, conciertos, danzas y obras de teatro.
También son dignos de mención el *Teatro «En Círculo»* y el *Teatro «La Cúpula»*, en donde se presentan espectáculos de orden lírico y dramático. El país también cuenta con la *Orquesta Sinfónica Nacional*, el *Ballet Nacional* de Panamá y el *Ballet Folklórico* de Panamá.

LOS COLORES, FORMAS Y DISEÑOS DISTINGUEN NUESTRA ARTESANÍA

En Panamá existe una tradición artesanal, ya que los primeros pobladores del Istmo se dedicaban a los trabajos en cerámica, metales, madera, fibras, cuero, textiles y piedra.
Apoyada por el Gobierno Nacional la producción artesanal está desarrollándose, mediante la celebración de ferias nacionales, mercados de Artesanías como el de la ciudad de Panonomé y tiendas de Artesanía ubicadas en el Aeropuerto Internacional de Tocumen y en diferentes almacenes de la ciudad.
Las artesanías que se elaboran en Panamá son objetos o artículos de alfarería y cerámica, de fibras, de textiles, tejidos de algodón como molas y

With some help from the government, the production of craftwork is developing through national fairs, craftwork markets like that in the town of Penonomé, and craftwork shops situated in Tocumen International Airport and in various stores in the city.
The craftwork produced in Panama is composed of objects and articles made of earthenware and pottery, with thread, of woven cotton such as decorated shirts and hammocks, jewellery, gold and silverwork, worked stone, leather goods, goods made of wood, typical costumes and their accesories, furniture, toys and dolls, flowercraft, decoration made of shells and fish scales, fireworks, stuffed animals, cakes and bread, cheese etc.
Our craftwork is very varied, and nearly all made by hand or using very simple tools and machines.

FOLKLORE, THE REFLECTION OF OUR CULTURAL TRADITIONS

The rhythms of the «tamborito», the «cumbia», the «tuna», the «mejorana», the «pindines», the «danzas», the «punto» and other typical dances are the happiest way have of expressing ourselves. The national costume is the «pollera», a magnificent, highly colored dress worn by our womenfolk. It is sheer and very fine, made of linen decorated with beautiful lace and embroidery. It is worn with lovely gold jewellery, ornamental combs and jewels on spiral springs worn in the hair. The typical male costume is an embroidered shirt with fringes and knee-length trousers, complete with a «montuno» hat. Throughout the patron saint festivals, in the traditional shows given in hotels and in Panamá la Vieja, and in the carnivals, «polleras» and «montunos», shirts with gold buttoms and typical costumes from Ocú and Los Santos give color to and constitute part of the rich and varied folklore of our inland areas.

hamacas, joyería, orfebrería, platería, trabajos de piedra tallada, artículos de cuero, de madera, vestidos típicos y sus accesorios, muebles, juguetería y muñecas, floristería, adornos de conchas, de escamas de pescado, fuegos artificiales, animales disecados, dulcerías, panaderías, queserías, etc. Nuestra artesanía es muy variada y casi toda elaborada manualmente o con la ayuda de herramientas y máquinas muy sencillas.

EL FOLKLORE: REFLEJO DE NUESTRAS TRADICIONES CULTURALES

Los ritmos del tamborito, la cumbia, la tuna, la mejorana, los pindines, las danzas, el punto y demás bailes típicos son las más alegres expresiones de nuestro pueblo. La «Pollera», vestido suntuoso y de gran colorido que llevan nuestras mujeres, es el traje nacional. Es vaporoso y de gran lujo, confeccionado de olán de hilo con bellos encajes y bordados. Es usada con preciosas joyas de oro, peinetas y delicados tembleques que adornan la cabeza. El vestido típico del varón es una camisa marcada y con flecos y pantalones que dan a la rodilla, complementado con un sombrero «montuno». Durante las fiestas patronales, en las presentaciones folklóricas que se ofrecen en los hoteles y en Panamá la Vieja, al igual que en los Carnavales, la pollera y el montuno, las camisillas con sus botonaduras de oro y las montunas ocueñas y santeñas alegran y constituyen parte del variado y rico folklore de nuestra tierra interiorana.

Los Carnavales son la expresión tropical de nuestra alegría

Durante los cuatro días del Carnaval, todo el mundo se dedica a divertirse. Desfiles, carros alegóricos, fuegos artificiales, música, bailes en las calles, disfraces, confetti y serpentinas: todo ello se combina para alegrar esta fabulosa fiesta panameña. Los bailes

The carnivals are the tropical expression of our joy

Everybody enjoys the four days of carnival. Parades, allegorical floats, fireworks, music, dancing in the streets, fancy dress, confetti, and streamers —everything combines to bring happiness to this fabulous Panamanian festival. The festival begins on Saturday with dances during which the queens of the various social centres are crowned. Sunday is Polleras Day. On Monday there are parades with groups dressed in costumes walking through the streets. They are colourfully dressed, and dance until well into the night. On the Tuesday afternoon there is cavalcade with the allegorical floats. In the evening there are fancy dress balls in all the social centers, which finish at dawn on Ash Wednesday with the ceremony of the «Burial of the Sardine».

In Las Tablas, an inland town, a cheerful, sumptuous carnival is held. Two queens, one of the Upper Street and other of the Lower Street, together with their courts, compete showing their finest clothes and their most luxurious floats and playing their best music. In Penonomé, another inland town, a fine aquatic carnival is held.

THE CASINOS AND NATIONAL LOTTERY OFFER LUCK AND JOY

Privately own casinos are found in the best hotels in Panamá, Colón, David and Chitré. They are gambling centres with all the latest facilities offering a source of entertainment to tourist. The National Lottery is held before the public every Sunday and Wednesday.

As well as the top prizes, there are others obtained from approximation, making this game of chance more attractive.

de coronación de las reinas de los diferentes centros sociales, inician la fiesta el día sábado. El domingo, es el Día de la Pollera. El lunes está destinado para los desfiles a pie de las comparsas. Se lucen vistosos disfraces por las calles, bailando hasta bien entrada la noche. En la tarde del martes, tiene lugar el desfile de carros alegóricos. Por la noche, en todos los centros sociales hay bailes de disfraces, que terminan al amanecer del Miércoles de Ceniza, con la ceremonia del «Entierro de la Sardina».
En Las Tablas, ciudad del interior, tiene lugar un alegre Carnaval de gran lujo. Dos reinas, la de Calle Arriba y la de Calle Abajo, en unión de sus cortes, compiten mostrando sus mejores galas, las más lujosas carrozas y su mejor música. En Penonomé, otra ciudad del interior, se celebra un alegre Carnaval Acuático.

SUERTE Y ALEGRÍA OFRECEN LOS CASINOS Y LA LOTERÍA NACIONAL

Los Casinos que pertenecen al capital privado funcionan en los hoteles más importantes de Panamá, Colón, David y Chitré. Son centros de juego con todas las instalaciones modernas, que le ofrece al turista un medio de diversión.
La Lotería Nacional se celebra todos los domingos y miércoles, públicamente. Además de los primeros premios, hay otros derivados de las aproximaciones, que hacen más atractivo este juego de suerte y azar. Los premios son pagados, inmediatamente, después de cada sorteo.

PANAMÁ, EMPORIO COMERCIAL

Panamá, por su condición de tránsito, es un *centro de intercambio comercial*, desde la época colonial con las famosas Ferias de Portobelo. Esta situación la ha convertido en un centro de abastecimiento de productos procedentes de distintos países del mundo.

PANAMA, A COMMERCIAL CENTER

As Panama is a stopping place it has been a center of commercial exchange since colonial times and the famous Portobelo Fairs. This has made of it a supply center with products hailing from different countries in the world. The series of commercial activities and services linked to international trade has given our economy a singular model.
Both wholesale and retail commerce is concentrated in the metropolitan region, particularly in the district of Panama. The existence of the canal as an international route linking the two most important ports in the isthmus leads to a great number of facilities for the people using it, such as banking and touristic services. For this reason our economy is primarily a service economy. Panama is the bazaar of the world. The shops offer the most varied and exotic merchandise from Panama, Europe, the United States, the East, and Latin América.
Our industry shows the same characteristics as that of other developing countries.
The industrial sector in Panama lacks diversification, consisting fundamentally of light or consumer goods industries.
The main industrial areas are in the provinces of Panama and Colón: printing works, bakeries, clothes and shoe factories, furniture makers, chemical and metal industries, togkether with factories for food, drinks, paper, cardboard, construction materials, petrol-based products, cement, plastic, cigarettes, etc. Inland there are sugar mills and factories producing tablets, salt, craftwork, leather goods, tomato paste, dried milk, flour, alcoholic drinks, furniture, etc. There are processing plants for corn and coffee.

Colón free Zone, a Center of International Trade

Colón Free Zone is an autonomous governmental institution created to assist traders and manufacturers from all parts of the world in the international distribution of their goods.

El conjunto de actividades comerciales y de servicio vinculado al comercio internacional, hace que nuestra economía tenga un modelo muy particular. Las actividades comerciales, al por mayor y al por menor, se concentran en la región metropolitana, especialmente en el distrito de Panamá.
La presencia del Canal como ruta internacional que une los dos puertos más importantes del Istmo, exige una multiplicidad de servicios para la población que atraviesa esta ruta, incluidas la banca y el turismo. De allí que nuestra economía sea, primordialmente, una economía de servicio.
Panamá es el bazar del mundo. Los centros comerciales ofrecen la más variada y exótica mercadería nacional, de Europa, de Estados Unidos de América, de Oriente y de América Latina.
Nuestra industria presenta las mismas características de los países en vías de desarrollo.
El sector industrial panameño carece de diversificación, consistiendo fundamentalmente de industrias de bienes de consumo o industrias ligeras.
Las principales industrias están ubicadas en las provincias de Panamá y Colón: imprentas, panaderías, fábricas de ropa y de calzado, mueblerías, industrias químicas y metálicas, industrias alimenticias, de bebidas, de papel, de cartón, materiales de construcción, derivados del petróleo, cemento, plástico, cigarrillos, etc.
En el interior del país: ingenios de azúcar, fábricas de pastillas, de sal, artesanías, artículos de cuero, producción de pastas de tomate y leche en polvo, harinas, procesamiento de granos, beneficios de café, bebidas alcohólicas, fábrica de muebles, etc.

La zona libre de Colón, centro de comercio internacional

La Zona Libre de Colón es una institución autónoma del Gobierno creada para facilitar a los comerciantes y manufactureros de todas las latitudes, la distribución internacional de sus mercancías.

All goods and articles which enter this area are exempt of import tax while they remain in these installations.
It contains warehouses, offices and repositories, as well as all kinds of facilities for the companies operating there. It is also ideal for processing material, for example assembly work, installation, packeting, bottling, etc.
The great economic activity which is carried out here daily makes of this area an international market towards which millions and millions of dollars flow. It is a huge shop window displaying goods from all over the world, which later travel from here by land, sea, and air to many different destinations.

Panama Banking Center at the service of the world commerce

There are nowadays 140 banking institutions concentrated in the capital city, most of which are situated in the banking area of Bella Vista. In each town in the country there are from 1 to 7 banks, generally Panamanian ones.
The affluence of banking entities to our country is due to the free circulation of the U.S. dollar, to our commercial development, to the absence of monetary controls over the capitals which enter and leave the country and to the fact that the interest accrued by foreign deposits are tax free.
These conditions, which favor the expansion of banks, explain why banks are coming to Panama, enabling the country to confirm its role as an International Banking Center.
The currency in Panamá is the balboa. It is equivalent to the dollar, which makes it easy to use, as no complicated operation is necessary. Panama does not have banknotes —North American banknotes are used instead. The monetary divisions are the same as those in the USA. No other country has such a simple exchange system.

Todas las mercancías y artículos que entran a dicha Zona están exentos del pago de impuestos de importación, mientras permanecen en sus instalaciones.
Está dotada de almacenes, oficinas y depósitos y de toda clase de facilidades para las compañías que allí operan.
También resulta ideal para procesar mercancía como ensamblamiento, montaje, empaque, embotellamiento, etc.
La gran actividad económica que aquí se realiza diariamente, convierten esta Zona en un mercado internacional hacia donde fluyen millones y millones de dólares.
Es una gran vitrina, en donde se exhiben mercaderías del mundo entero, y que luego viajan de allí hacia diferentes lugares por tierra, por mar y por vías aéreas.

EL CENTRO BANCARIO PANAMEÑO AL SERVICIO DEL COMERCIO MUNDIAL

Actualmente existen 140 instituciones bancarias concentradas en la ciudad capital y ubicadas en su mayoría en el área bancaria de Bella Vista. En cada centro del país hay de 1 a 7 bancos, en su mayoría panameños.
La afluencia de entidades bancarias hacia nuestro país se debe a la libre circulación del dólar norteamericano, al desarrollo comercial, a la ausencia de controles monetarios para el ingreso y salida de capitales del país y a excepciones tributarias sobre intereses devengados por depósitos extranjeros.
Estas condiciones favorables para el desarrollo de la banca explican la afluencia de entidades bancarias hacia Panamá, lo cual confirma su condición de *Centro Bancario Internacional.*
La unidad monetaria de Panamá es el Balboa. Está a la par con el dólar, así que se hace fácil su uso,

OUR TOURISTIC RESOURCES ARE FOR ALL VISITORS

A series of geographic, historic and cultural factors have coincided favorably to give rise to many resources for tourism. This has resulted in facilities, services and places of interest which make for the development of a whole range of tourist activities. Natural elements, remains of great historic interest, customs, traditions, groups of people, a series of islands, monuments, jewels of architecture and the hospitable spirit of the Panamanians are all factors that the tourist industry takes advantage of.
Our touristic resources can be divided into different areas, as follows:
The City of Panama: *has areas of touristic interest, such as Old Panama, founded in 1519 and destroyed by the pirate Henry Morgan in 1677; the old part of the city of Panama with its colonial buildings, which are French in style with neo-classic influences, and, finally the City of Panama, which is modern, with commercial, touristic, financial and residential areas, and a varied cultural life. This is the area in the country with the most to offer to tourists.*
The Panama Canal area: *its touristic attractions are grouped into different sectors, such as that of the Pacific with Miraflores Lock, Las Américas Bridge, the Amador Islands, the Canal Administration Building and the Cerro Contratista Viewpoint. In the Atlantic sector is the Gatún Lock.*
The island areas: *The Archipelago of San Blas with the islands of Nalunega, Aligardí and Wicub-Wala (islands of extreme beauty) is in the Caribbean, a 20 minute flight away from the city. The main attractions of this area are the beaches of white sand, the coral banks, the colour of the marine flora and the native Kuna tribe, which is very faithful to its traditions. The world famous «molas» are the main part of their blouses. They are sections made by hand with tiny stiching, each of which is a real work of creation. There are picturesque inns for visitors. Isla Grande,*

porque no es necesaria ninguna operación complicada. Panamá no tiene papel moneda; se usa en su lugar el papel moneda norteamericano. Las monedas fraccionarias son iguales que las de E.E.U.U. Ningún país tiene un sistema de cambio tan sencillo.

NUESTROS RECURSOS TURÍSTICOS ESTÁN A LA DISPOSICIÓN DE LOS VISITANTES

Una serie de factores geográficos, históricos y culturales han incidido favorablemente en la existencia de variados recursos para el turismo, trayendo como consecuencia la existencia de facilidades, servicios y sitios de interés, que permiten desarrollar toda una gama de actividades turísticas. Elementos naturales, ruinas de gran valor histórico, costumbres, tradiciones, grupos humanos, conjunto de islas, monumentos, joyas arquitectónicas y el espíritu hospitalario del panameño son recursos que aprovecha la actividad turística.
Podemos integrar nuestros recursos turísticos en diferentes regiones, así:
La ciudad de Panamá: presenta sitios de interés turístico como *la Vieja Ciudad de Panamá,* fundada en 1519 y destruida por el pirata Henry Morgan en 1671; el *Casco Viejo* de la ciudad de Panamá con sus edificios de origen colonial, de estilo francés e influencia neoclásica y, por último, la *Ciudad de Panamá,* moderna con sus áreas comerciales, turísticas, financieras y residenciales y su variada vida cultural. Aquí se encuentra la principal oferta de servicios turísticos del país.
El área del Canal de Panamá: sus atractivos turísticos se agrupan en diferentes áreas como son el Sector Pacífico, donde podemos admirar las Esclusas de Miraflores, el Puente de las Américas, las islas de Amador, el Edificio de la Administración del Canal y el Mirador del Cerro Contratista. En el Sector Atlántico se encuentran las Esclusas de Gatún.

Isla Mamey and *Bocas del Toro Archipelago,* where the Sea Fair is held, are places to which tourists should pay a visit.
Contadora Island is one of the most modern leisure centers in the Pacific. It boasts thirteen beaches with white sand and crystal clear waters which tempt you to practise various water sports. You can hire fast sailing boats, outboard motorboats, diving equipment and fishing tackle, as this is one of the most famous areas in the world as regards abundance of fish. El Galeón Hotel has rooms with air conditioning, a casino-restaurant and a first class bar. The journey takes 17 minutes by air and about three hours by boat.
Taboga Island, known as «The Island of Flowers» has facilites for lovers of diving, sailing, water-skiing, fishing and swimming. One fine dsiplay is the Our Lady of Mount sea procession in the month of July.
The Island of Coiba has installations for deep sea fishing, as well as shallow water fishing in places such as Jicarón, Kicarita and Coibita.
The Mountain Region: in the highlands of Chiriqui are Boquete, Cerro Punta, Bambito and Volcán, places which enjoy a pleasant climate, natural beauty and activities whcih differ from those in the rest of the country. There are many touristic facilities in these areas.
The Valley of Antón is also very popular because of its cooler weather, its natural beauty and its Sunday market with craftwork and seasonal agricultural products.
The Coastal Regions: on the Pacific beaches the resorts have been fitted out with residential areas, hotels, bungalows, tourist centers, restaurants and open-air sports facilities in Coronado, Río Mar, Punta Chame, Playa Corona, San Carlos, Gorgona, Santa Clara, Playa Blanca, Farallón, San Blas, Las Lajas, Monagre, etc. Close to the city of Panama are the beaches of Naos, Kobes and Veracruz.
In the resort of Piña's Bay, in the province of Darién, there is a hotel which supplies well-fitted boats,

Las regiones insulares: a 20 minutos de la ciudad, por vía aérea, frente al Mar Caribe, está ubicado el Archipiélago de San Blas con Nalunega, Alígandi y Wicub-Wala, islas de extraordinaria belleza. Sus playas de arenas blancas, con sus bancos de corales, el colorido de su fauna marina y la cultura aborigen Kuna apegada a sus tradiciones, son los atractivos principales de este sector. Las molas conocidas internacionalmente forman la parte principal de sus blusas. Es una pieza cosida a mano con puntadas diminutas, constituyendo cada una de ellas una verdadera creación. Hay pintorescas posadas para sus visitantes.

Isla Grande, Isla Mamey y el Archipiélago de Bocas del Toro, que sirve de sede a la Feria del Mar y son lugares que el turista no debe dejar de visitar.

Isla Contadora, es uno de los más modernos centros de recreo del Pacífico. Posee trece playas de blancas arenas y aguas cristalinas que invitan a practicar diversos deportes acuáticos. Se pueden alquilar rápidos veleros, lanchas fuera de borda, equipo de buceo y cañas de pescar, ya que ésta es una de las áreas más famosas del mundo por la abundancia de peces. El Hotel «El Galeón» cuenta con habitaciones con aire acondicionado, restaurante-casino y bar a todo lujo. Se encuentra a 17 minutos por vía aérea y a unas tres horas en lancha.

La isla de Taboga, llamada «La Isla de las Flores», cuenta con algunas facilidades para los que gustan bucear, navegar, esquiar, pescar o nadar. Un bello espectáculo lo constituye la procesión acuática de la Virgen del Carmen, en el mes de julio.

La isla de Coiba con sus instalaciones para la pesca deportiva de altura, incluyendo los sitios de pesca cercanos como son Jicarón, Jicarita y Coibita.

La Región de las Montañas: en las Tierras Altas de Chiriquí, encontramos Boquete, Cerro Punta, Bambito, Volcán, lugares que gozan de un clima agradable, bellezas naturales y actividades que difieren del resto del país. Hay gran actividad turística en estas regiones.

crews and free drinks for fishing large black merlines and sailfish making this place an international fishing centre. It boasts 30 world famous types of fish.

The Central Provinces (Coclé, Herrera, Veraguas and Los Santos): *are the keepers of our Spanish heritage mixed with the African and the native, as is reflected in the local religious practices, as well as the customs and traditions, such as the bull-fights, typical festivals, craftwork, cock fighting, the highly colourful religious and patron saint festivals and in the traditional hospitality of the population.*

The Historic Regions: *are the central part of the isthmus of the country: Old Panama and the old part of the city, once the capitals of the Kingdom of Terra Firme.*

Portobelo is where the most important markets were held during colonial times. Fine building such as the Customs House, the church and the colonial bridges and residences still stand here, defying the passage of time.

San Lorenzo is an impressive Spanish castle from colonial times situated on the mouth of the River Chagres. Because of its structure it is a charming natural viewpoint over the Caribbean coast. Tourists should visit San José's Church, Santo Domingo's in Parita, San Atanasio's in Los Santos, etc., which are considered national monuments.

The Jungle Regions: *Those which are best suited for tourists to visit are: Darién Jungle, inhabited by the Chocoes, the canal area, made up of Parque Soberanía and Gatún, a real showpiece of species of animals and trees; and the jungle area of Bocas del Toro, inhabited by the Teribes and the Bokotás, which is often visited by students of orchide because of the marvellous variety of them found there.*

Of the Cultural Regions the Afro-colonial areas are worthy of mention because of their customs which differ from those in the rest of the country. These are groups of people who are descendents of the African slaves and live in the Costa Arriba and Costa Abajo areas of Colón, in the archipelago of Las Perlas, in

El Valle de Antón también es muy visitado por su clima fresco, su belleza natural y su mercado dominical de artesanías y productos agrícolas de temporada.

Las Regiones Costeras: se han habilitado en las playas del Pacífico balnearios con proyectos residenciales, hoteles, cabañas, turiscentros, restaurantes y facilidades deportivas de campo abierto en Coronado, Río Mar, Punta Chame, Playa Corona, San Carlos, Gorgona, Santa Clara, Playa Blanca, Farallón, San Blas, Las Lajas, Monagre, etc. Cercanas a la ciudad de Panamá están las playas de Naos, Kobee y Veracruz.

En el balneario de Piñas, en la Provincia de Darién, existe un hotel que proporciona botes adecuados, tripulaciones y bar para la pesca de grandes merlines y peces vela que hacen de este lugar un centro de pesca internacional. Posee 30 marcas mundiales de pesca.

Las Provincias Centrales (Coclé, Herrera, Veraguas y Los Santos): son las depositarias de la herencia hispánica mezclada con la indígena y africana, que se reflejan en sus manifestaciones religiosas, costumbres y tradiciones como son: las corridas de toros, los festivales típicos, sus artesanías, sus riñas de gallos, sus fiestas religiosas y patronales de mucho colorido y en la hospitalidad tradicional de sus habitantes.

Las Regiones Históricas se encuentran en el istmo central del país: Panamá Viejo y el Casco Antiguo, que fueron las capitales del Reino de Tierra Firme. Portobelo, donde se realizaron las más importantes ferias de la época colonial y donde permanecen en pie, desafiando el devenir del tiempo, imponentes fortalezas como la Aduana, la Iglesia, los puentes coloniales y residencias.

San Lorenzo, que es un impresionante castillo colonial español, situado en la desembocadura del río Chagres y que por su conformación se convierte en un encantador mirador natural de la costa Caribe. Es importante que los turistas visiten la Iglesia de San José, donde está el Altar de Oro, la Iglesia de Natá

Darién and in some parts of the City of Panama. They believe in magic and sorcery. Their main characteristic is crum music and a very lively dance called the «Bunde» and «Bullarengue» in the province of Darién, while the rest of these groups do African style dances.

The hotels and restaurants in Panama are very cosy

Panama boasts fine hotels and top class restaurants, so you can chose the one you prefer, as they all reach the highest standards of service and comfort. In inland towns there are also cosy hotels and restaurants with good service.

The restaurants offer a fine range of international dishes: Italian, French, Spanish, Chinese, American, etc. Delicious typical national dishes such as «sancocho», «ceviche», «tamales», «carimañolas», etc. are also served.

AN ISTHMUS AND A CANAL: SYMBOLS OF UNION BETWEEN NATIONS

The history of nations shows us how dreams gradually become projects, and how these give rise to great works which lay the foundations of the advance of humanity. The possibility of using this geographical waistline to make communications between the Atlantic and the Pacific coastlines easier had been conceived of since the times of colonization. Carlos V formally gave instructions for a study to be carried out for the construction of a route, and the project was handed down from generation to generation but the idea was always there, and the need for it became more and more obvious as communications increased. On many occasions the great powers disputed the exclusive rights to the construction of the route. France was the first to try, with

de los Caballeros, la de Santo Domingo en Parita, la de San Atanacio en Los Santos, etc., considerados entre otros como Monumentos Nacionales.

Las Regiones Selváticas son las que prestan mejores condiciones para el turismo son: las Selvas del Darién donde habitan los indios chocoes; el Área del Canal constituida por el Parque Soberanía y Gatún, verdadero muestrario de especies animales y forestales y el Área Selvática de Bocas del Toro, habitada por los indios Teribes y Bokotás y que es frecuentemente visitada por orquideólogos por la maravillosa variedad de orquídeas que allí se encuentran.

Entre las *Regiones Culturales* es digna de mención por sus costumbres diferentes del resto del país, las Áreas Afrocoloniales, que son grupos descendientes de los esclavos africanos ubicados en la Costa Arriba y la Costa Abajo de Colón, en el Archipiélago de Las Perlas, Darién y algunos núcleos en la ciudad de Panamá. Creen en la magia, en la superchería y el principal elemento característico es la música con tambores y el baile muy movido denominado Bunde y Bullarengue en el Darién y bailes congos, para el resto de estos grupos.

Los hoteles y restaurantes en Panamá son muy acogedores

Panamá cuenta con lujosos hoteles y restaurantes de primera calidad, que nos permite seleccionarlos a nuestro gusto, ya que todos reúnen los más estrictos requisitos de servicio y confort. En los centros del interior del país, también existen hoteles y restaurantes acogedores y con buen servicio.

Los restaurantes ofrecen toda una rica gama de la cocina internacional: comida italiana, francesa, española, china, norteamericana, etc. Además se sirven deliciosos platos típicos nacionales como el sancocho, el ceviche, los tamales, carimañolas, etc.

Count Ferdinand de Lesseps leading the project; its failure held up the realisation of this work for years.

When Panama separated from Colombia the first thing it did was to sign a treaty with the United States.

The construction of the Panamá Canal

The magnitude of the work carried out should not be underestimated. First of all a great deal of sanitary work was carried out, as the conditions were deplorable and this was one of the factors that led to the failure of the French canal. Dr. Carlos Finlay, a Cuban doctor, had discovered that the frightening yellow fever was transmitted by a type of mosquito, and the enormous task of the erradication of it was undertaken. Dr. Gorgas played a great part in doing this. A huge number of workers was brought in from the West Indies and Asia. They, together with the Panamanians, worked arduously on the excavation and the construction of the great concrete walls which make up the sets of locks. The canal works by raising and lowering the level of the water using looks. There are two sets on the Pacific called the Miraflores and the Pedro Miguel Locks, and on set on the Atlantic, called the Gatún Locks. They are like enormous cubicles which fill with water up to a certain level to let ships pass through them and then sail on the two artificial inland lakes— Lake Miraflores, which is about 8 km long, on the Pacific, and Lake Gatún, which is estimated to be one of the largest artificial lakes in the world, with an extension of 13 km. A ship takes between 8 and 10 hours to go through the canal and is transported by specialised canal pilots. Electric mules are used in the locks to help to lead the ships; on the lakes this work is carried out by tug boats.

Emphasis should be given to the importance of the Chagres river in all this work. The water which is

UN ISTMO Y UN CANAL: SÍMBOLOS DE UNIÓN ENTRE LOS PUEBLOS

La evolución histórica de los pueblos nos enseña cómo los sueños se van traduciendo en proyectos y cómo éstos generan las grandes obras que cimentan el avance de la humanidad. Desde los tiempos de la colonización se vislumbró la posibilidad de utilizar esta cintura geográfica para hacer más rápida la comunicación entre las dos costas: la Atlántica y la Pacífica. Carlos V formalmente dio instrucciones para que realizara el estudio para la construcción de una vía y el proyecto fue pasando de generación en generación, pero siempre se mantuvo latente y cada vez más visible su necesidad a medida que se incrementaban las comunicaciones. Las grandes potencias en muchas oportunidades se disputaron la exclusividad para la construcción de esta vía. Francia hace el primer intento y dirigió la empresa el Conde Fernando de Lesseps y cuyo fracaso retarda por años la concreción de esta obra.
Al separarse Panamá de Colombia lo primero que hace es plasmar en un Tratado con los Estados Unidos.

La construcción del Canal de Panamá

Es bueno resaltar la magnitud del trabajo que se llevó a cabo. En primer término, se hizo una gran labor de saneamiento ya que las condiciones eran deplorables y éste fue uno de los factores que incidieron en el fracaso del Canal Francés. El Dr. Carlos Finlay, médico cubano, había descubierto que la temible fiebre amarilla era transmitida por un mosquito, y se emprende la gran tarea de erradicarlo. En esta labor se destacó el Dr. Gorgas. Se trajeron de las Antillas y del Asia una gran cantidad de mano de obra que, junto con los panameños, trabajaron arduamente en las tareas de excavación y construcción de las grandes paredes de concreto que forman el conjunto

used to operate the locks comes from this river and is stored in the Madden Reservoir.
The Panama Canal was opened to international navegation on August 15, 1914, when the steamaship Ancón was the first to sail through.

WHAT ARE WE PANAMIANS LIKE

*We are the sum of many peoples who have left their cultural traces behind them. This country is cosmopolitan by nature because of its historical function as a passageway, but in spite of the great variety of groups of people that make it up it is uniform in its idiosyncracies, which define it with very Panamanian characteristics. We are open, friendly, expressive and hospitable. We are very Caribbean with regard to enjoying festivals, we like music, carnivals —in short we have a tropical happiness that can even be seen in the designs painted on the buses which carry eye-catching pictures and slogans. There is a generalized religious feeling, and in various parts of the city and of the country stand beautiful churches where mainly Roman Catholic services are held, as this is the official religion. Other religions are also practised as there is freedom of worship. We love freedom and respect the rights of others.
Like all Latin American nations we are aiming at a higher standard of living, better equity in the distribution of wealth, better health and educations services and better housing. This is no easy task, but our collective effort towards achieving these goals heralds better days for our country.*

de las esclusas. El Canal funciona elevando y bajando los niveles de agua a través de esclusas. Existen dos juegos en el Pacífico que son las de Miraflores y las de Pedro Miguel, y un juego en el Atlántico que es la de Gatún. Las esclusas son como enormes cubículos que se van llenando de agua hasta alcanzar determinado nivel que permite al barco pasar a través de ellas y luego navegar en los dos lagos interiores que existen y que fueron creados artificialmente: el de Miraflores en el Pacífico, que mide aproximadamente 8 km y el de Gatún que es considerado uno de los lagos artificiales más grandes del mundo con una extensión de 13 km. La travesía de un barco en el Canal dura aproximadamente de 8 a 10 horas y es transportada por prácticos o pilotos especializados. En las esclusas se utilizan mulas eléctricas para ayudar a conducir las naves y en los lagos esta tarea es ayudada por remolcadores.
Para esto es importante resaltar la gran importancia que en esta obra tiene el río Chagres. El agua que se utiliza para la operación de las esclusas proviene de este río y es almacenada en la Represa de Madden. El Canal quedó abierto a la navegación mundial, el 15 de agosto de 1914, cuando el vapor Ancón hizo la primera travesía.

¿CÓMO SOMOS LOS PANAMEÑOS?

Somos la suma de muchos pueblos que dejaron, además, sus huellas culturales. Este país es por naturaleza cosmopolita por su histórica función de tránsito, pero a pesar de la gran variedad de grupos humanos que lo conforman, mantiene una unidad en cuanto a su idiosincrasia, que lo definen con características muy panameñas. Somos abiertos, comunicativos, expresivos y hospitalarios. Somos muy caribeños en cuanto a las manifestaciones festivas, nos gusta la música, los carnavales, en fin la alegría tropical que se manifiesta hasta en los curiosos diseños de los buses que ostentan pinturas y leyendas que llaman mucho la atención. El sentimiento religioso es muy generalizado y se levantan en distintos puntos de la ciudad y del país hermosas iglesias donde se celebran cultos en su mayoría católicos, ya que esta es la religión oficial. También se practican otras religiones, pues existe libertad de culto. Somos muy amantes de la libertad y respetuosos de los derechos de los demás.
Como todos los pueblos latinoamericanos, estamos en la búsqueda de mejores niveles de vida, mayor equidad en la distribución de nuestra riqueza, mejores niveles de salud, educación, vivienda. La tarea no es fácil, pero el esfuerzo colectivo hacia el logro de estas metas, augura mejores días para nuestro país.

MAS ALLÁ DEL AÑO 2000

Para fines de los años sesenta, la entonces Guardia Nacional organizada de acuerdo con la doctrina y métodos de los ejércitos, de la Venezuela del dictador Marcos Pérez Jiménez, y la Nicaragua de la tiranía de Anastasio Somoza García derroca, mediante un cruento golpe militar el gobierno constitucional del Dr. Arnulfo Arias Madrid, se hace del control absoluto del país y en breve tiempo, emprende un largo proceso negociador, con los Estados Unidos, que tomó unos 13 años, aproximadamente. Esa negociación desemboca en la firma de dos Tratados; uno relativo al Canal de Panamá, que vence el 31 de diciembre de 1999 y otro, de duración indefinida, concerniente a la Neutralidad del Canal, que se aplica al actual Canal de esclusas y a cualquier otra vía acuática internacional que se construya en el futuro, total o parcialmente, por el territorio nacional.

Estos Convenios, firmados en la ciudad de Washington, el 7 de septiembre de 1977, se les conoce con el nombre de "Tratados Torrijos-Carter". El General Omar Torrijos, egresado de una Academia Militar centroamericana, era el Comandante de la Guardia Nacional y Jefe de Gobierno de la República, al mismo tiempo. El señor James Carter, era el Presidente de los Estados Unidos de América en aquellos días; de allí la denominación que recibieron tales Convenios.

Los Tratados de 1977 abrogan y sustituyen todas las convenciones, tratados, acuerdos, estipulaciones, canjes de notas y demás, que existieron ente los dos países, antes del 7 de septiembre de aquel año. En cumplimiento de tales instrumentos, la República de Panamá ya ha recibido y continúa recibiendo, una importante cantidad de bienes e instalaciones, en un ordenado proceso

AHEAD OF THE YEAR 2000

By the end of the seventies, the as it was then known, National Guard, organized according to the doctrine and methods of the armies of Venezuela, under the dictator Marcos Perez Jimenez, and of Nicaragua, under the tyrannical Anastasio Somoza Garcia, overthrew, by means of a bloody military coup, the constitutional government of Dr. Arnulfo Arias Madrid, it then proceded to take, absolute control of the country and in a short time, began the long negociation process with the United States that took approximately 13 years to complete. This negociation lead to the signing of two treaties: one relating to the Panama Canal, that ends on the 31 of December 1999 and the other, of indefinite duration, concerning the neutrality of the canal, wich applies to the present locks canal and to whatever other international waterway that may be constructed in the future, either totally or partially within the national territory of the Republic of Panama.

These agreements, signed in the city of Washington, D.C., the 7th of September 1977, are known by the name of Torrijos-Carter Treaties. The treatries were named after General Omar Torrijos, a graduate of a Central American military academy, who was the Commander of the Panama National Guard and Head of State of the Republic at the same time. James Carter was the President of the United States of America at that time; from these two individuals came the name of these Agreements.

The Treaties of 1977 revoked and replaced all prior covenants, treaties, agreements, stiuplations, exhanges of diplomatic notes and others that existed between the two countries before the 7th of september of that year. In compliance with such an instruments, the Republic of Panama had

de reversión, que concluyó al mediodía del 31 de diciembre de 1999, fecha en que los panameños recuperamos la totalidad de las tierras, edificaciones, y se nos hará la transferencia de nuestro Canal de esclusas.

La reversión de los bienes que existen en lo que fue la Zona del Canal y la transferencia del Canal de esclusas, a la República de Panamá, constituyen acontecimientos históricos de la máxima importancia, ya que se trata de un valioso patrimonio, lo que comporta un serio compromiso para con el país y la comunidad internacional. Ese estado de la conciencia nacional condujo a un grupo de panameños a pensar en la urgencia de incorporar, a nuestra Ley Fundamental, un Título Constitucional, especialmente dedicado a "El Canal de Panamá".

Para la administración y óptimo aprovechamiento del Canal se ha expedido una legislación especial. Primero se dictó la Ley No.5 de 25 de febrero de 1993, bajo la Presidencia del Lic. Guillermo Endara Galimany y la segunda y última, es la Ley No.7 de 7 de marzo de 1995, reformatoria de la anterior, expedida por el gobierno del Presidente Ernesto Pérez Balladares.

De acuerdo con esa legislación y con miras a garantizar el correcto y máximo rendimiento de ese importante recurso económico nacional, se ha creado un organismo denominado AUTORIDAD DE LA REGIÓN INTEROCEÁNICA (ARI), mejor conocida como la AUTORIDAD o la AUTORIDAD DEL CANAL.

La ARI, una entidad del Estado nacional panameño tiene como objetivos esenciales la custodia, aprovechamiento y administración de los bienes revertidos y por revertir, misión que debe cumplir en armonía y coordinación con las otras agencias oficiales del gobierno del país, de suer-

already received and would continue to receive an important part of the properties and installations, in an orderly process of reversion, that was concluded at noon on the 31st of December of 1999, a date by which Panamanians recuperated all of the lands, and buildings, and then the Canal itself and its locks would be handed over.

The reversion of the properties that existed in what was formerly known as the Canal Zone and the transfer of the Canal to the Republic of Panama, constituted a historic moment of maximum importance, given the value of the patrimony, and represents a serious obligation for the country and the international community. This state of national consciousness led a group of Panamanians to think of the urgency of incorporating into our fundamental law, a Consitutional amendment dedicated especially to the Panama Canal.

For the administration and optimum usage of the Canal, special legislation was passed. The first, Law Nº 5 of the 25th of February 1993, under the Presidency of Lic. Guillermo Endara Galimany, and the second and last, Law Nº 7 of the 7th of March 1995, modifying the previous law, and passed under the government of President Ernesto Perez Balladares.

In accordance with this legislation and with a focus towards garanteeing the correct and best usage of this important national economic resource, an organic body denominated the Regional Interoceanic Authority (ARI), better known as the Authority or Canal Authority, was created.

The ARI, and entity of the Panamanian National Government, has as its principal objective the custody, exploitation and administration of the reverted properties and those to be reverted, a mission that should be completed in harmony and

te que tales bienes se vayan incorporando en un proceso gradual, al desarrollo integral de la nación.

La Autoridad de la Región Interoceánica (ARI) está gobernada por una Junta Directiva, integrada por once (11) miembros, designados por el Órgano Ejecutivo, por un período de cinco (5) años y que deben ser ratificados por la Asamblea Nacional.

El Administrador General, designado por un período de cinco (5) años, tiene a su cargo la administración ejecutiva de la Autoridad, bajo la supervisión de la Directiva y le corresponde, además, ejercer la representación legal de la ARI.

Por ministerio de la ley, a la AUTORIDAD se le ha fijado un límite temporal, para el cumplimiento de sus fines; pero, "en ningún caso su duración excederá del año 2005, salvo prórroga adoptada legalmente". Al vencer ese término, las atribuciones de la AUTORIDAD se transferirán, en forma ordenada, a las agencias o dependencias oficiales afines, por razón de la materia, según acuerdo del Consejo de Gabinete.

De conformidad con los Tratados, todos los bienes existentes, incluidas, tierras, edificaciones, instalaciones y demás de lo que fue la Zona del Canal deben revertir al territorio nacional, al mediodía del 31 de diciembre de 1999; y en la misma fecha, el Canal de esclusas debe ser transferido a la soberanía y absoluto control, de la República de Panamá.

coordination with the other official government agencies of the country, hopefully in a way, that such properties be incorporated, via a gradual process, to the integral development of the nation.

The Regional Interoceanic Authority is governed by a Board of Directors, made up of eleven members, designated by the Executive Branch for a period of five years and ratified by the National Assembly.

The General Administrator, designated for a period of five years, has as his charge the executive administration of the Authority, under the supervision of the Board of Directors and he is responsible, in addition, for exercising the role of legal representative of the ARI.

By ministry of the law, the Authority has been given a temporary limit for the completion of its responsibilities; but, "in no case shall its duration exceed the year 2005, unless granted a legially adopted extention". At the date of expiration of this term, the functions of the Authority will be transferred, in an orderly fashion, to the respective official agencies or dependencies, by reason of the nature of the functions, according to the criteria and agreement by the Cabinet Ministers.

In compliance with the Treaties, all existing properties, including lands, buildings, instalations and others that were part of the former Canal Zone, must revert to National territory, by noon on the 31st of December 1999, and on that same day, the Panama Canal must be transferred to the sovereign and absolute control of the Republic of Panama.

The Holy Ghost, rare orchid, national flower of Panamá.

"El Espíritu Santo", flor nacional de Panamá.

Acto oficial de la Reversión del Canal de Panamá.   *Official ceremony of the handing over of the Panama Canal.*

Acto oficial de la Reversión del Canal de Panamá.

Official ceremony of the handing over of the Panama Canal.

Acto oficial de la Reversión del Canal de Panamá.

Official ceremony of the handing over of the Panama Canal.

Acto oficial de la Reversión del Canal de Panamá.   *Official ceremony of the handing over of the Panama Canal.*

Acto oficial de la Reversión del Canal de Panamá.

Official ceremony of the handing over of the Panama Canal.

Acto oficial de la Reversión del Canal de Panamá.

Official ceremony of the handing over of the Panama Canal.

Monumento a Vasco Núñez de Balboa, descubridor del Océano Pacífico. Ciudad de Panamá.

Vasco Núñez de Balboa Monument discoverer of the Pacific Ocean, Panama City.

Ruinas del convento de Santo Domingo, en el Casco viejo de la ciudad de Panamá.

Ruins of the Santo Domingo Monastery in Old Panama City.

Convento de la Compañía de Jesús, en el Casco viejo de la ciudad de Panamá.

Convent of the Company of Jesus in Old Panama City.

Museo Antropológico de El Caño.

El Caño Anthropological Museum.

Convento de la Concepción.

Convent of the Conception.

Ruinas de Panamá La Vieja. Torre de la Iglesia de Nuestra Señora de la Asunción; data de 1519.

Ruins of Old Panama: the tower of the Church of Nuestra Señora de la Asunción, dating from 1519.

Instituto Nacional de Cultura.

National Institute of Culture.

Ministerio de Gobierno y Justicia.

Ministar of the Interior.

Vista interior del Teatro Nacional, ciudad de Panamá.   National Theater inner view, Panama City.

Altar de Oro en la iglesia de San José, ciudad de Panamá.

The Golden Altar (Altar de Oro) in the church of San José, Panama City.

Catedral de Panamá.   *Panama's Cathedral.*

Parque y catedral de Panamá, ciudad de Panamá.   *Panama City Cathedral and square.*

*Ciudad de Panamá,
parte moderna.*

View of modern Panama City

Calles del casco antiguo.

Streets of the Colonial District.

Iglesia del Carmen.   *Church of Our Lady of Mount Carmel.*

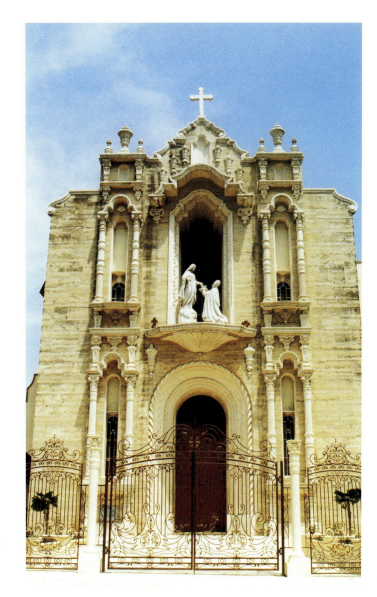

Iglesia del Santuario Nacional.   *Church of the National Sanctuary.*

Panamá moderno.

Modern part of Panama City.

Vista panorámica de la ciudad de Panamá de día y de noche.

Panoramic view of Panama City by day and night.

The Presidency of the Republic built in 1922. Interior andalusian-style and Moorish balconies decorated with mother-of-pearl.

Presidencia de la República, construida en 1922. Muestra balcones internos andaluces y moriscos revestidos de conchanacar.

Vista frontal del Palacio Presidencial.

Frontal view of the Presidential Palace.

Presidencia de la República decorada con estilos andaluz, morisco y francés; ésta es la entrada adornada con garzas naturales.

The Presidency of The Republic, decorated in Moorish-Andalusian and French styles. The entrance, with live herons.

Torres Miramar.   Miramar Towers.

Hotel Marriott Panamá.   Panama Marriott Hotel.

Casino.

The Casino.

Centro de Convenciones Atlapa.

Atlapa Convection Centre.

Escenas del casco antiguo de la ciudad de Panamá.

Scenes from the old part of city of Panama.

Escenas del casco antiguo de la ciudad de Panamá.

Scenes from the old part of city of Panama.

Entrada al Barrio Chino. Entrance to China Town.

Kiosco de frutas tropicales. Ciudad de Panamá. Tropical fruit stand in Panama City.

Plaza de Francia. Ciudad de Panamá. *French Square in Panama City.*

Vista panorámica de la ciudad de Panamá. *Panoramic view of Panama City.*

Puesta de sol sobre la moderna ciudad de Panamá.   *Skyline of modern Panama City at sunset.*

Vista de la moderna ciudad de Panamá.   *View of modern Panama City.*

*Canal de Panamá.
Esclusas de Gatún.*

*The Gatún Locks
on the Panama Canal.*

*Canal de Panamá.
Esclusas de Miraflores, funcionando desde 1914.
Éste es el Queen Elizabeth II.*

*The Miraflores Locks
on the Panama Canal,
which has been operating since 1914.
This is the Queen Elizabeth II.*

Canal de Panamá, con un largo de 80 kilómetros de océano a océano, por el que transitan cada día unos 40 barcos aproximadamente.

The Panama Canal, measuring 80 kilometres from ocean to ocean, trough which some 40 ships sail per day.

Puente de las Américas, que al cruzar sobre el Canal une las Américas.

Las Americas Bridge, by crossing the Canal links North and South America.

Puente de las Américas.   *Las Americas Bridge.*

Edificio de la Autoridad del Canal de Panamá. *Building of the Panama Canal Authority.*

Carguero cruzando el Canal de Panamá.

Container ship crossing the Panama Canal.

*Canal de Panamá.
Esclusas de Miraflores.*

*The Panama Canal.
Miraflores Locks.*

Indias Kunas de la Isla de San Blas.

Kuna Indians of the San Blas Archipielago.

Indias Kunas de la Isla de San Blas vendiendo Molas.

Kunas on the island of San Blas selling traditional shirts.

*Indias Kunas
de la Comarca de San Blas.*

*Member of the Kuna tribe
in the region of San Blas.*

*India Kuna
con sus prendas de oro.*

*A Kuna native
with gold jewelery.*

*Famosas Molas Kunas
de las Islas de San Blas.*

*Famous Kunas Molas
from the San Blas Archipielago.*

*Manos de india Kuna
cosiendo Mola.*

*The hands of a Kuna making
a traditional shirt "mola".*

Indias Kunas.   Kunas Indians.

Indias Kunas vendiendo Mola
en la Isla de Wichub-Wala.

Kunas selling a "mola" (typical shirt)
on the island of Wichub-Wala.

*India de San Blas.
India Kuna.*

A Kuna from San Blas.

India Kuna de las Islas San Blas pelando plátanos.

A Kuna peeling plantain on islands of San Blas.

India Chocoe con su niño.   *A Chocoe native with child.*

India Chocoe del Darién tejiendo canastas de paja.

A Chocoe native in Darién weaving straw baskets.

Niñas de la tribu Chocoe, provincia del Darién.

Girls from the Chocoe tribe, Darién Province.

Indias Chocoes de la provincia del Darién.

Chocoe Indians from the Darién Province.

Pareja Chocoe lavando oro en uno de los ríos del Darién.

Chocoe couple panning gold in one of the Darién rivers.

Baile del Colibrí. Etnia Emberá.

Dance of the hummingbird from the Emberá Tribe.

Niñas de la tribu Emberá.

Emberá Girls.

Chaquiras confeccionados por los indios Guaymíes en la provincia de Chiriquí.

Indias Guayamíes de la Provincia de Chiriquí.

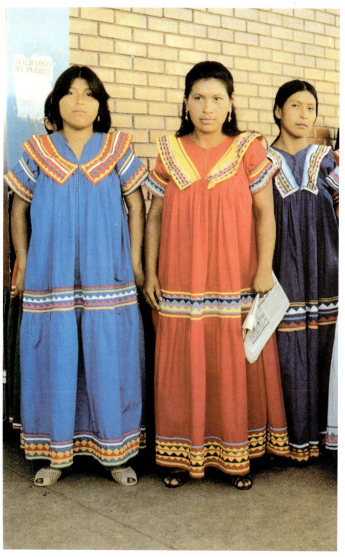

Chaquiras handcrafted by the Guaymíes Indians in the province of Chiriquí.

Guaymíes indians, from the province of Chiriquí.

Ruinas de la aduana de Portobelo.
Provincia de Colón.

Ruins of Portobelo's custom house.
Colón Province.

Viajeros contemplando el área moderna.

Travelers contemplating modern Panama City.

Ciudad de Panamá. *Panama City.*

*Ruinas de Portobelo,
Fuerte San Jerónimo que data de 1758.*

*Ruins of Portobelo.
San Jerónimo Castle, dating from 1758.*

Ruinas de Portobelo.   *Ruins of Portobelo.*

Ruinas de Portobelo. Fuerte San Jerónimo (1758).   *Ruins of Portobelo. San Jerónimo Castle, built 1758.*

Instituto Panameño de Turismo.
Provincia de Bocas del Toro.

Panamanian Institute of Tourism.
Provence of Bocas del Toro.

Iglesia de Santa Librada de Las Tablas.

The Church of Santa Librada de Las Tablas.

Museo de la Nacionalidad en Las Tablas. *The National Museum in Las Tablas.*

Iglesia Natá de los Caballeros, fundada en el año 1522, el 20 de mayo. *Natá de los Caballeros Church, founded on the 20th May, 1522.*

Hotel Bambito. Provincia de Chiriquí.   Bambito Hotel. Chiriquí Province.

☞ *Atardecer.*

☞ *Nightfall.*

Playa de la Isla Contadora.

Beach on the island of Contadora.

Hotel Contadora Resort.

The Contadora Resort Hotel.

Contadora. Playa Grande del Hotel Contadora.

Contadora. Playa Grande beach. Contadora Hotel.

Boulevard en la Ciudad Atlántica. Colón.   *Boulevard in Colón City on the Atlantic side.*

Ranas doradas en el Valle de Antón.   *Golden frogs in El Valle de Antón.*

Señora confeccionando la pollera en La Enea. *Lady making a "pollera" in La Enea.*

Venta de artesanías. *Craftwork on sale.*

Stacey González, luciendo pollera hecha a mano de lujo, traje típico nacional.

Stacey González, wearing a formal hand made "pollera", typical national dress.

La belleza de la mujer panameña y la Pollera, traje típico nacional.

The beauty of the Panamanian women and the Pollera, typical national costume.

Mercado Público, venta de Pisbaes.

The market Pisbaes sales.

Mercado de legumbres y frutas de El Valle de Antón.

The fruit and vegetable market in El Valle de Antón.

Rápidos del Chagres.

Rapids of the Chagre's River.

Boquete, Chiriquí. *Boquete, Chiriquí.*

Vendedor de raspados. *Coned Ice Salesman.*

Bailes folklóricos - La Montuna, traje típico regional de la Provincia de Los Santos.

Traditional dancing La Montuna, which is the typical local costume in the province of Los Santos.

Diablicos sucios en las ruinas de Panamá La Vieja.

Dirty little devils in the ruins of Old Panama.

Baile típico; pollera de lujo. Traditional dance; a fine "pollera" costume.

Ballet Folklórico de Panamá. Zarabanda de Carnaval.

The Panama Traditional Dance Company: the bustle of carnival.

Vistas de "Mi Pueblito". Parte Afro-Panameña.   *Scenes from "Mi Pueblito". Afro Panamanian sector.*

*Vistas de iglesias de "Mi Pueblito".
Parte Afro-Panameña.*

Churches from "Mi Pueblito". Afro Panamanian sector.

Vistas de "Mi Pueblito".
Sector Kuna.

Scenes from "Mi Pueblito".
Kuna sector.

Vistas de "Mi Pueblito". Parte afro-panameña. Scenes from "Mi Pueblito".

Mapa de Panamá Map of Panama.

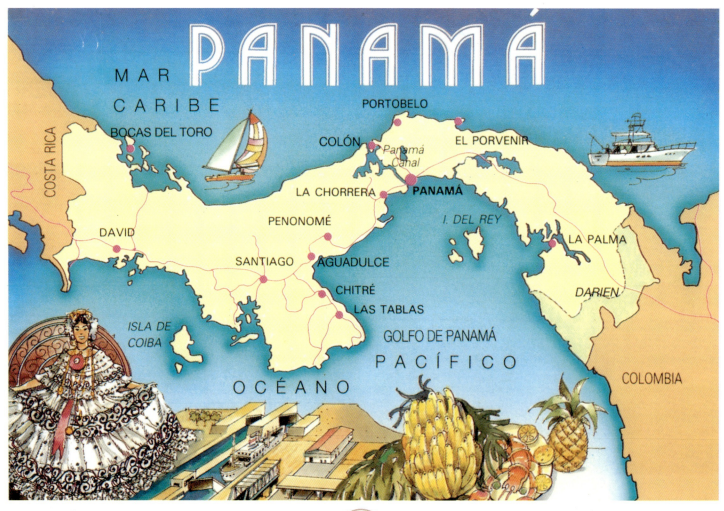